巴黎市集

手作创意50人

DESIGN IN PARIS

黄姝妍　著

辽宁科学技术出版社

沈阳

作者序

曼谷手创之后……

　　这次我们到巴黎不看卢浮宫，不逛香榭丽舍，也不去花神、双叟咖啡馆喝咖啡，我们走进巴黎人的创意世界，尝尝最地道的巴黎生活味。

　　在写完《曼谷市集手工风》这本书之后，我就搬到瑞士去享受开店与体验新世界的生活。这期间我不断地收到读者的来信，讲述对于曼谷手工创意的惊艳，与带着那本书实地走访曼谷恰度恰周末市集的过程。我从没想过只是把工作上认识的朋友介绍给读者，也会有这样的反响，因此这回我决定"出卖"自己在巴黎的手创朋友们，把他们的创意压箱宝介绍给你，并带着你逛逛几个当地较有特色的创意市集，通过他们的介绍，让你更贴近巴黎的手创生活！

Paris, an active city full of creative ideas!

In this book I will introduce you to a vibrant and creative side of Paris. Away from all the tourist spots, the crowded museums and big brands. The local artists, the hidden markets, the neighborhood cafés... follow this book with my local designer friends share their design concepts and lifestyles. You will see where the real Parisians go for fun!

Many thanks to:

All of the designers participated in this book.

You opened the door for me to go inside your studios, your houses, and your design worlds, so that my readers and I find out how lovely Paris could be.

PS.内文英文部分为手创人手稿，亲爱的读者们请多多包涵特殊的法式英文！

The English part of every interview is written by designers, not me. :)

黄姝妍（July）

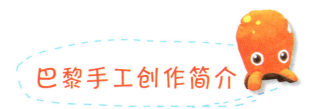

巴黎手工创作简介

在亚洲各地为创意市集疯狂的同时，在欧洲，集结了众多手创人的各种活动，也正以早市、夜市或跳蚤市场等形式蓬勃发展起来，其中欧陆最活跃的都市非巴黎莫属。

巴黎人搞什么手工创作？

没错，当一般人对巴黎的印象还停留在艺术与时尚设计阶段的同时，这座城市里早就有一大群充满创意的年轻人，投入到手工创作工作里。不假手他人的一贯化创作理念，原汁原味地封住了个人与品牌的特色，从时装、配件、首饰、居家杂货，到布偶、文具，在巴黎多元的种族文化影响下，即使是同类型的产品也展现出完全不同的特色，不管是复古风、摇滚风、歌德风，或是讲求法式浪漫、日式可爱与中式自然禅，这些创意人了解自己想表现的是什么，也清楚市场在哪里，他们不随着时尚风潮起舞，也不一窝蜂地盲从，而是将日常生活与人文素养融入作品当中，建立起让人一眼就能认出的强烈品牌辨识度。

市集的主题也是创意的呈现！

除了展览、个性店、博物馆商店与网络等渠道之外，巴黎手创人最爱的便是参加市集，不仅可以直接面对消费者，也能认识其他创作同好，分享彼此的资源。据说，根据法国政府规定，一般设计师如果没有加入工会或成立公司行号，基本上是无法在店家寄卖商品的，因此许多手创人纷纷投入创意市集的怀抱，除了在一般的跳蚤市场上看得到他们的身影外，还有不少DJ或乐团会与手创人合作办活动，此外，不想花钱租场地的手创人也纷纷在自家客厅或花园里，召集同好办起小型的创意游园会。

在巴黎逛市集是件开心的事，包罗万象的主题市集，满足当地人各种不同的需求，也让懂行的外来客得以近距离地接触巴黎最原创的设计力！

巴黎市集
手作创意50人

DESIGN
IN
PARIS

Contents

逛逛巴黎创意市集

塞纳河畔的水上创意市集
Noël Boheme

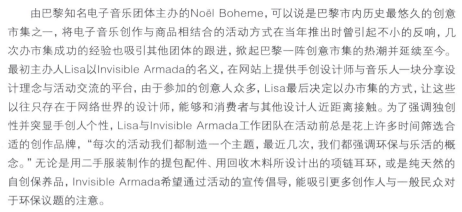

由巴黎知名电子音乐团体主办的Noël Boheme，可以说是巴黎市内历史最悠久的创意市集之一，将电子音乐创作与商品相结合的活动方式在当年推出时曾引起不小的反响，几次办市集成功的经验也吸引其他团体的跟进，掀起巴黎一阵创意市集的热潮并延续至今。最初主办人Lisa以Invisible Armada的名义，在网站上提供手创设计师与音乐人一块分享设计理念与活动交流的平台，由于参加的创意人众多，Lisa最后决定以办市集的方式，让这些以往只存在于网络世界的设计师，能够和消费者与其他设计人近距离接触。为了强调独创性并突显手创人个性，Lisa与Invisible Armada工作团队在活动前总是花上许多时间筛选合适的创作品牌，"每次的活动我们都制造一个主题，最近几次，我们都强调环保与乐活的概念。"无论是用二手服装制作的提包配件、用回收木料所设计出的项链耳环，或是纯天然的自创保养品，Invisible Armada希望通过活动的宣传倡导，能吸引更多创作人与一般民众对于环保议题的注意。

由于近年想在巴黎办创意市集的人越来越多，所以合适的场地不是早就被订走，就是租金过高，在想维持低场租与免入场费的考虑下，Invisible Armada只好忍痛拉长办活动的周期，追求少量高品质的目标。这次特别挑在塞纳河游船上进行的Noël Boheme因为只办一个下午，所以早在午餐时刻就有不少闻风而来的民众在河边排队等候入场。这次活动仍旧以街头风格的服装、配件为主，由于商品单价较其他市集高，所以不仅可以试穿，也提供统一刷卡服务。现场除了一般消费者外，还有不少创意人也难得转换身份，站在顾客的角度欣赏其他人的作品。

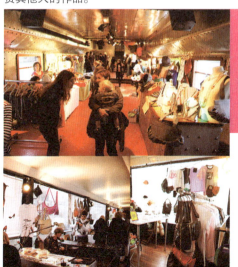

市集名称: Noël Boheme
时间: 不定期
地点: 依活动而定
网址: http://noelboheme.blog.com/
　　　http://www.invisiblearmada.com/
参展联络方式: 请于官网上直接留言

A
B | C

A. B. 难得一见的船上创意市集，在下雨天仍旧吸引了不少携家带口的巴黎人前来尝鲜。
C. 用二手皮衣与牛仔裤所制作的流行侧背包。

美女手创人的大会师
Bouche A Oreille

　　"Bouche A Oreille"的创意市集一如其名是在"口耳相传"中，靠着巴黎人传送八卦的力量而迅速走红。举办多次的Bouche A Oreille由于申请参展人数众多，所以大多以双周展的方式进行，让无法两个周末都参与的设计人能够将机会让给其他人，不仅增加可看性，也让两个周末都来市集玩的消费者不至于感到无聊。以法国女性手创人为主，Bouche A Oreille市集上所能看到的创作品较为多元化，除服饰配件外，家具与其他居家杂货的比例也较其他市集高，因此来参观的男性消费者也比较多。身为巴黎较大型的定期创意市集，在Bouche A Oreille上还提供餐饮服务，逛累的人想来点三明治或简餐都不成问题，这也是它与其他市集不同的一点。

　　走出地铁站后，从每个街角都可以看到的活动海报上，可以感受到Bouche A Oreille的规模与在巴黎受欢迎的程度。推开展场大门后映入眼帘的，是在两层楼开放空间内挤满人潮的大小摊位。根据主办单位对手创人的要求，参展的摊位全都被装点得极有特色，有铺草皮的、上霓虹灯的，还有独占一角开园游会的联合摊位。在这里我看到的不只是创意商品的展售，更看到了设计师结合行销概念，包装商品塑造品牌形象的各种手法，在购物之余更学到了不少。根据和我很熟的当地朋友Emline表示，这回的活动刚好和圣诞节前的高峰期重叠，再加上这次地点在巴黎热门的观光景点附近，吸引不少外国游客上门，所以她们这群手创人在忙着理货的同时，还得用各种语言招呼客人，"虽然很忙，但想到自己的作品可以卖到国外还是挺开心的啦！"

市集名称: Bouche A Oreille

时间: 每季一次

地点: 依活动而定

网址: http://pageperso.aol.fr/Bouchaoreille/expos.html

参展联络方式: jess.elan@bouchaoreille.com

A
B | C

A. 分享同一块空间的三个童装杂货设计师，将摊位装点得像园游会一般热闹。

B. 害羞的布偶手创设计师。

C. 两层楼的空间内挤满了手创人与前来购买圣诞礼物的巴黎人。

最叫妈妈宝宝开心的创意市集
Happy Shopping

趁着圣诞节前的购物旺季，巴黎25位手创人打着Happy Shopping的名号，出售能带给众人欢笑的创意商品，从时髦女装、俏皮童装、典雅孕妇装，到居家用品与专门为妈妈宝宝设计的文具杂货等，各种色彩粉嫩、兼具实用与美观的设计全都在这几天内聚集在此。挑选巴黎市区里一座三层楼高、前身为旧仓库的展览空间作为这次市集的地点，目的是让宽敞而明亮的空间给予每个参展的创意人足够大小的摊位，展示自己的作品，并提高消费者购物环境的品质。即使外头是巴黎典型的冬日阴雨，还是挡不住时髦女性疯狂购物的欲望。

针对岁末购物季而开办的Happy Shopping，与其他创意市集最大的差别在于从10月份便开始进行的网络与平面宣传，与会的手创人除了当天的展售外，在活动官方网页上也都有一页专门的介绍，从设计人背景、创作理念，到商品介绍甚至预购功能都包含在内，让消费者在活动之前早早就对这些手创人有一定程度的认识，也对自己当天想买的东西有所了解与掌握。

由于活动当天的来客量与提袋率都很高，所以不少手创人在招呼客人与媒体的空当，还得忙着缝制新作品，有些甚至才做到一半就被客人订走了呢！Jubilo的设计师Julie就说："现在是我们这些手创人最忙的时候，通常从圣诞节前一个月就要开始囤积货物，否则绝对赶不上网络、店家或参加市集的订单需求。"

市集名称：Happy Shopping
时间：不定期
地点：依活动而定
网址：http://zehappyshopping.blogspot.com/
参展联络方式：zehappyshoppong@gmail.com

A
B | C
A. 法式清新风格的居家用品。
B. 楼梯间三个专门设计时髦孕妇装与配件的手创人摊位。
C. 一皮箱的可爱布偶，鲜艳的色彩与生动的表情，最能吸引小朋友的眼光。

最神秘的私人市集创意体验
Rezo 100

　　没有路标也没有宣传海报，走出地铁站后我只能凭着手上的地址，挨家挨户地对着门牌号码寻找，终于在位于闹市区的某栋旧公寓大门上看到写着："没错，就是这里，输入你手上的开门密码，跟着指示前进你就会抵达要去的地方！"搞不懂为啥一场创意市集要搞得如此神秘，但抱着既来之则安之的心态，我还是按下先前取得的开门密码，跟着墙上的小纸条，穿过中庭花园来到另一栋建筑物面前，"恭喜你走到这里，再往上爬几层楼吧！"抬头看着楼梯以螺旋方式无止尽地向上延伸，突然有种腿软的无力感。终于在我脑袋即将缺氧的同时，我看到了最后一张纸条："请敲门，并报上你的邀请人！"

　　把创意市集搞得好像寻宝一样的，就是Sabrinah和她来自法国各地的手创朋友们，平日在网络上大聊妈妈经的这些手创设计师们，虽然早在法国享有知名度，且在各大特色杂货店里都可以找得到她们的作品，但Sabrinah等人还是不放过在市集上面对消费者的机会，通过每一两个月在不同设计师家里办的小型创意市集，这些妈妈手创人可以暂时抛下老公、小孩与繁重的家务，和设计同好分享自己的创作理念与一些疯狂诡异的创意点子。会选在自家公寓办市集主要是看中免场租、无闲杂人等打扰的好处，透过会员电子报与口耳相传的方式上门的顾客，绝对都是对这群手创人作品有兴趣的人。在私人宅邸办市集的好处就是气氛轻松，无论买卖双方都可以在没有压力的状况下交朋友，一会儿递茶、一会儿夹饼干，让人有种参加下午茶餐会的错觉。无论是好天气里的花园市集，或是刮风雨天的室内摊位，Sabrinah与朋友所办的Rezo 100，都是法国最受妈妈级顾客欢迎的创意秘密市集！

市集名称: Rezo 100
时间: 不定期
地点: 巡回法国各城市
网址: http://rezo100fils.canalblog.com/
参展联络信箱: tonkipu@free.fr

A
B | C

A. 设在手创人自家客厅的市集，
集合十多位来自法国各地的妈妈
手创人。

B. 为衣柜、鞋柜带来清新气息的
手绘香氛布偶。

C. 运用手绘与手工印刷技术的丝
质提包。

最具视觉效果的创意市集
Creations Mode et Design

　　巴黎印刷创作人Sandra Dupiré以视觉设计与手工印刷为主题，选在西堤岛附近拥有类似背景的l'Issue画廊，发起了为期四天的Creations Mode et Design市集。虽然是第一次以这样的主题办市集，但凭着本身丰富的摆摊经验，以及其他与会设计师在网络上的大力宣传，倒也吸引不少顾客上门。在大部分手作商品还是得靠网络与店家寄卖作为销售渠道的年代，比起摆摊收入的多寡，Sandra与其他手创人们更注重的是与消费者间的交流，能够面对面与其他人分享自己的创作理念，并借机宣传自己的品牌以提高日后在网络上的销量，才是参加创意市集的最大收获。

　　棉T恤、抱枕、提包、发饰等，只要是以布料、纸张为主要素材的商品，在Sandra等人眼中就是视觉设计与手工印刷能够运用的层面。通过费时耗工的制版印刷过程，这些创意人将手绘或拍摄的画面呈现在作品中，以一种机器印刷所无法表达的特殊手感，传达设计师在创作时的情感与意境。Creations Mode et Design与其他市集较为不同的地方在于，除了纯粹的商品销售外，Sandra等设计师也特别在展场后方，开辟一块让大众体验手工印刷的空间，只要先行预约就能够在专业手创人的带领下，进入他们的创作国度里。

　　在疯狂购物的同时享受DIY的快感，不定期在巴黎举行的Creations Mode et Design，总叫人期待它下回的开办。

市集名称: Creations Mode et Design
时间: 不定期
地点: Galerie l'Issue
网址: http://www.barceloneta.fr/news.html

A
B | C

A. 结合摄影与缎带编织的手创饰品。
B. 民众也可以现场参加DIY棉T恤印刷的体验课程哟！
C. 集合参展设计师商品所搭配出的法式时尚。

手创人皆庞克摇滚的地下市集
DIY Market

在巴黎音乐界与童装设计业小有名气的Elsa Kuhn，结合对手工与摇滚的热爱，集合志同道合的手创人，从2007年夏天开始，每一季固定在巴士底广场附近的酒吧举办创意市集。为了让手创人与顾客都能玩得尽兴，Elsa特别设定以"摇滚"、"庞克"为主题，只有商品性质切中主题的手创品牌才得以申请摆摊的资格。刻意避开下午一点到七点其他创意市集营业的热门时段，Elsa的DIY Market从晚上六点一路热闹到隔天凌晨，特殊的时段、场地，以及与众不同的主题，让Elsa的创意市集出乎意料地大受欢迎，并吸引到许多在其他市集上看不到的族群，"或许因为我们也是摇滚歌手吧，所以做出来的东西特别能引起这批摇滚庞克族的共鸣。"

如果你以为摇滚与庞克的相关商品只有皮衣、带刺的手环颈链，或是刺青穿孔而已，那Elsa的DIY市集绝对叫你大开眼界。这些手创人突破一般人对于摇滚、庞克的刻板印象，从中撷取各种元素运用在各种创意设计上，从童装、提包、首饰配件，到居家杂货与文具用品，全都染上一层浓厚的音乐色彩。除了酒吧一楼以商品为主的摊位外，在二楼也开辟了一块展示空间，展出巴黎当地摄影师长年跟拍不同摇滚团体到各地巡回演出的相关摄影作品，而对于黑胶唱片感兴趣的消费者也能在这里挑出许多别处找不到的唱盘。

为了娱乐逛市集的人们，Elsa也和酒吧合作，邀请一些当地的年轻摇滚团体，在地下室的表演空间内进行一整晚的演出。丰富的活动与特殊的设计商品，让Elsa的DIY市集在巴黎摇滚圈中红透半边天！

市集名称：DIY Market
时间：每季一次
地点：Mécanique Ondulatoire酒吧
网址：http://www.myspace.com/diymarket
参展联络方式：shop@eva-koshka.com

A |
B |
A. 二楼展场内挤满懂行的摇滚乐迷。
B. 日式漫画风也可以很庞克。

最讲究创意的艺术市集
The Factory Show

以鼓励年轻视觉设计师与画家为理念，Effie Mild与Laurent Zorz于1996年时，在巴黎最具艺术气息的蒙马特开始经营Artoyz这家画廊，通过不收展出费用与低抽成的方式，让有才华的年轻人也有与大众交流的空间。以年轻人易发挥也较有兴趣的电脑绘图与视觉设计类别为主题，Effie与Laurent成功带动巴黎年轻人参与艺术的风潮，10多年下来两人不知不觉竟也办了超过150场的展览，因The Factory Show一炮而红的艺术家多达两百多人，据估计更有突破2万的参观人次，其中百分之八十的大众在这之前从来都没进过画廊或看过艺术展！除了接受其他大型画廊与艺术团体在经济上的支援外，Effie与Laurent也靠着限量出版的相关书籍，与办市集时的收入来支撑The Factory Show的一切开销。在两人的穿针引线下，多年来有不少年轻创作者得以在国际媒体上曝光，或是受邀至国外参展，成功地打入国际艺术市场。

这次的The Factory Show被媒体誉为两人办过的最有看头的展览，不只展出作品风格多元，水准也比往常高，而整个场地的布置则配合不同艺术家的作品进行分割，再以循序渐进的方式让参观大众深入了解每件作品的特色所在。此外在展览区外的市集空间也比以往宽敞，以往The Factory Show所发行过的刊物与周边商品，全部一次到齐，让对视觉设计有兴趣的人大呼过瘾！

市集名称：The Factory Show
时间：每季至少一次
地点：依活动而定，巡回法国各城市
网址：http://arts.factory.free.fr/
参展联络方式：artsfactory@free.fr

A |
B |

A. 了生活在巴黎的日本画家Marie，是这次展览的主秀。
B. 以西方人的角度观察中国的社会现象与文化，别有一番趣味。

走进衣柜 走进巴黎创意女人味
Les Culottes

常有人说巴黎的女人最懂得如何打扮自己，要学习她们的时尚品位最快最有效的方法就是推开衣柜，看看她们都怎么穿！抓住这个理论的Leti召集了一票专做服饰与首饰的手创同好，一起举办了Les Culottes这个以展现女生性感魅力为主题的创意市集。一到两个月举办一次的Les Culottes，由于固定班底来自法国各地，所以除了巴黎之外，也常在里昂、南特等其他城市巡回。预计从2008年开始也将到德国与波兰等地巡回，向那里的消费者与设计师宣扬法国女生难以抗拒的穿着魅力。Les Culottes 高调地宣扬女人天生的性感，所以在宣传与会场上你都会看到不同设计师为这个活动所设计的小裤裤。

赶在圣诞节前，Les Culottes回到巴黎市中心的西堤岛，在那里举行一连三天的活动。由于过节的关系，会场里来了不少外国观光客，由于不少参加Les Culottes的手创人无法以流畅的英文沟通，所以Leti得一肩挑起翻译与对外公关的繁杂工作，同时Leti的热心助人也让这些设计师愿意在她的安排下，共同以Les Culottes的名义对外进行联合行销的工作，以性感与感性的形象，在其他创意市集中露脸，以提高品牌与商品的曝光率。"其实不只少女，许多妈妈或熟女也有其充满女人味的一面，所以你可以看到加入Les Culottes的品牌除了包包配件与时装外，也有不少布偶与童装！"以全方位的多元设计，满足各年龄层女人爱美的需求，就因为这样，Leti培养出一群甘愿随着Les Culottes到处跑的忠实粉丝。

市集名称：Les Culottes
时间：一至两个月一次
地点：依活动而定，巡回法国各城市
网址：http://lesculottes.free.fr
参展联络方式：lesculottes@hotmail.fr

A
B | C
A. 只有针对女孩、女人与妈妈为主题的手创人才得以来此设摊。
B. 结合木头、黄铜与缎带等各种不同元素的创意长链。
C. 当天最热销的大脸手作娃娃。

手缝设计师专属的创意市集
En Aiguille

　　为了让创作人拥有一块能直接与顾客面对面的空间，Jennier与Alix从2003年5月起，每一季都会在巴黎找地方办一场以"针线缝纫"为主题的创意市集。在为期三天的市集上，聚集了来自巴黎甚至其他欧洲城市的服装与首饰方面的独立设计师，有些平时只在网络上出售商品的创意人也会来此设摊，在没有DJ、派对与食物美酒的情况下，En Aiguille靠着多元化的设计风格与直接回馈在消费者身上的价格，在巴黎时尚圈里迅速走红。"其实En Aiguille带给我们最大的收获不是名声也不是金钱，而是可以认识来自各地的设计同好！"

　　为了满足巴黎人的圣诞疯狂购买欲，Jennier与Alix老早就订下了这次的场地，为2007年的最后一场En Aiguille作准备，为避免商品同质性过高，并兼顾活动品质与为新设计师提供露脸的机会，和往常一样她们得小心地拿捏与分配机会给提出申请的这些手创人。我在逛市集的同时遇到不少之前就认识的设计师朋友，一面逛街一面闲话家常的感觉还挺有趣的。据说这次活动比较特殊的地方是多了不少新的消费面孔，在部分的媒体上曝光之后，不少来自日本与韩国的小姐妈妈们到巴黎也都知道要来En Aiguille捡便宜、挑好物、玩创意！

市集名称：En Aiguille
时间：每季一次，每次二到三天
地点：依活动而定，以巴黎市区为主
网址：http://www.desfillesenaiguille.com/
参展联络方式：info@desfillesenaiguille.com

A |
B | C

A. 熟门熟路的巴黎人挤满会场，只为买到最特别的商品。
B. 结合针线与印刷技巧所设计出的灯罩及织品杂货，充满温馨美感。
C. 清新淡雅的手工黄铜首饰。

Chapter 1
01 生活杂货类

大小通吃的疗伤型玩偶
Ania Zelazowska

巴黎

我是先爱上Ania的品牌名称，才进而注意到她的创作！"A·le·la·le"，不管你用哪种音调或速度念这个波兰名字，听起来都像在唱歌一样，妙极了！在巴黎做玩偶与公仔的人很多，但却很少有人能像Ania一样，作品同时兼具童趣与个性，不仅让小朋友疯狂，更风靡成人世界。我和Ania常开玩笑说两个人都是为爱走天涯的勇敢女生，Ania来自波兰，原本在家乡有份很不错的工作，却为了男友而放下一切，头也不回地搬到巴黎，更一手创立自己的品牌。现在Alelale不仅在巴黎拥有广泛的市场占有率，Ania更和留在波兰的朋友合作，将Alelale带回家乡，让她的丑娃带给更多家庭充满欢笑的每一天。

*Design Data
品牌: Alelale
手创人: Ania Zelazowska
职业: 玩偶设计师
网址: http://alelale.free.fr/
哪里买: Calesta、French Touche、Puree Jambon、La Troisieme Place、Tiennette La Belette
与波兰

"如果不是因为男友被调到巴黎，我可能永远都不会离开波兰吧！"

从小就爱缝娃娃、做手工的Ania，一直希望有一天能够把手工创作这个兴趣，化作能为她带来稳定营收的事业。但从设计学校毕业之后，她便忙于造型师的工作，游走于时尚品牌与相关媒体中，直到有一天男友接到了要被调到法国的消息，Ania告诉自己或许这是老天爷给她的机会，于是便收拾行囊一起搬到巴黎。"刚来这里的时候我谁也不认识，但这却给了我更多时间可以好好想想自己想做的事。"人生中难得的一段空白时期，让Ania确认了要经营自有品牌的信念。

"哦~What a cool doll!"

结合波兰文中的"A le"（好棒的一个……）与"la le"（玩偶），带着老王卖瓜的心态，Ania将品牌取名为"Alelale"：好酷的娃娃啊！"我认为玩偶最大的功能就是为人带来生活上的乐趣，不管是视觉或是触觉上！"从各种动物的外形取得灵感，Ania将自己的想像色彩加入玩偶造型中，一个个逗趣、无厘头的娃娃就此诞生在她的笔下。"我喜欢逛布市，因为我可以用手指确认不同材料间的各种触感，借此确认将来顾客抱着Alelale玩偶时的感觉。"混合印花布、毛巾布、不织布等各种材质，Ania的创作虽然线条简单，但却充满着艳丽色彩与绝佳的触感，有种能够抚慰现代人寂寥心灵的魔力！"我的娃娃可不是只为小朋友做的哦！有不少大人也喜欢抱着他们睡觉呢！"

"工作时我一定要听音乐，因为那会带给我愉快的心情！"

虽然处理订单和创作新产品有时让Ania感到头大，但创作时她一定会让自己的心情保持在最佳状态，"只有快乐的我才能做出带给人欢乐的娃娃啊！"

A |
　| B

A. Ania将天马行空的创意加注在剑龙独具特色的外形上，张大嘴哇哇叫的逗趣"Dino"就此诞生！

B. 这只名叫"Kuri"的玩偶是Ania从站姿优美的红鹤身上获得的灵感，印花布构成的细长双腿比起红鹤可一点也不逊色。

今天想当甜心兔、搞怪猴还是迷彩蜂？Ania设计的变装玩偶为无聊的生活带进更多乐趣。

*手创人大提问Q&A：

你觉得设计和艺术是什么？

设计与艺术都是一种生活风格的呈现。

你有收集其他设计师的作品吗？谁是你的最爱？

感谢发达的国际网络让我可以随时掌握其他玩偶设计师的动向，如Rosa Pomar、Camilla Engmann、Wawaya等。

你喜欢住在巴黎吗？

巴黎是座很美的城市，拥有丰富的文化与艺术宝藏，住在这里给我许多生活与创作的灵感。

平常下班后你都怎样放松自己呢？

我和我男朋友会骑着我们的踏板车到处逛，有时候去看电影，有时候去不同的餐厅吃饭，美食是我们的最爱！！！

你每天都吃可颂面包、法国面包和喝咖啡吗？

每天我都要喝很多很多很多的咖啡，还要品尝我最爱的杏仁奶油可颂面包(一种夹着杏仁奶油表层再洒上烤杏仁片与许多糖粉的传统法式面包)。

What is design or art for you?

It's a life's style.

Do you also collect other designers' / artists' products? Who's your favorite designer/ artist?

Thanks to the internet I can follow the works of my favorites dolls makers... Rosa Pomar, Camilla Engmann, Wawaya...

What do you think about life in Paris?

Paris is a beautiful and a great cultural mix. Living in Paris is really inspirited.

What do you usually do to relax yourself and for fun?

Ridding our scooter with my boyfriend, going to cinema and lots of different nice restaurants...We love food.

Do you eat croissant, baguette and drink coffee every day?

A lots lots lots of coffee every day and my favorite "croissant aux amandes".

不管是短尾还是长尾，Minou那仿佛沉思的表情，掳获了一票巴黎人的心。(长尾的Minou尾巴可以做不同的造型哦！)

彻底改造泰迪熊的毛绒造型与甜美外表，Ania心中最佳的泰迪熊造型就该是这副装傻痴呆样！

*巴黎私房推荐：

最常出没的地方：

　　圣马丁运河、圣日耳曼德佩区、玛黑区与塞纳河畔。

最爱逛的市集：

　　蒙马特的圣皮耶布市。

最爱泡的咖啡馆/小酒吧：

　　Pho 57，一家带有越南风味的酒吧。

最爱看的画廊或博物馆：

　　巴黎随便哪一个博物馆都很棒。

最爱买的小店：

　　玛黑区贩卖居家设计杂货的店。

Where to find me?
Canal St Martin, St Germain des Pres, Marais, Seine riverside...

Favorite market:
St Pierre tissues Market, at Montmartre.

Favorite café and bar:
Pho 57 a vietnameen soup bar nearby place d' Italie, in the Paris Asian suburb.

Favorite gallery/museum:
All museums in Paris are amazing.

Favorite shop?
Those little design shops, in the Marais suburb.

| A

B |

A. Ania最爱在不同颜色与触感的布料间大玩混搭游戏。

B. 结合多种动物的形象，Ania在纸上构思出"Toutou"的独特外形。Toutou看似凶恶的表情下有着最温柔的个性。

巴黎
现代艺术拼布玩偶
Christelle Pacaud

身穿最具香颂浪漫
气息的圆点图案，
Miss Liberty对于时
尚讯息极为敏锐。

"晚上来我家吧！"刚到巴黎不久就收到Christelle的邀约。她的
小公寓位于中国城的一栋巴黎老公寓内，建筑物本身的岁月沧桑感，和
公寓内的浓厚艺术气息相呼应。穿着很法国的Christelle，拉着我介绍
起她住了好多年的这个小窝。很难将她的创作清楚定位为设计或是艺
术，从作品中我感受到她对手绘与织品的热爱，或许就像她说的吧，她
无法先在纸上打稿，只靠碰触布料的瞬间让灵感决定作品的方向。简
单线条搭配细长四肢，Christelle的娃娃没有任合表情，但却极具艺术
感，吸引了不少喜爱现代艺术的玩偶收藏家。

Pucien

A.看似小毛头般的
Pucien虽然年纪属
家族中最小，但一副
机灵的模样却最为
讨喜。
B.身穿特殊材质西
装的Mister D，凡事
追求优雅有型，常出
入高级夜店寻找巴
黎美女的身影。

*Design Data
品　　牌: les pouponnettes d' Erstie
手创人: Christelle Pacaud
职　　业: 织品设计师
网　　址: http://www.myspace.com/erstie
哪里买: my space

Mister D

"因为工作的关系，我有机会参加巴黎与米兰等地方的重要秀展。"

从设计学校毕业后，Christelle曾在Chardon Savard等品牌旗下工作，由于对色彩与图案的敏锐嗅觉与独到品位，Christelle辞去全职工作后顺利地当上如Promostyl等公司的潮流顾问，工作时间缩短意味着她有更多时间专心创作，但也因为潮流顾问的头衔，让她有更多的机会到各国旅行或参观艺术展、秀展，间接地刺激创作灵感。"就像小飞侠彼得潘一样，我一点一滴地打造出自己的想像国度！"

"工作中我最讨厌的部分就是要把自己做的娃娃卖掉！"

颜色、造型与对细节的注重，Christelle从不担心手作玩偶的销售状况，但由于每个娃娃从布料挑选、搭配到缝制完成的过程，她都仔细地聆听材料想对她说的故事，几个小时的沟通交流就如同女人怀胎九月一样，对于亲手缝好的娃娃，她实在无法轻易割舍。"都已经过了两年了，但每次面对做完的娃娃马上就要送到客人手上，我就忍不住难过起来！"每个Christelle创作的玩偶都有不同的名字与个性，从Mister D、Nancy到Sado，Christelle的玩偶家族里目前有六个成员，无论是喜欢逛夜店的翩翩绅士、注重时尚的典雅淑女或是爱在烟囱里玩的小捣蛋鬼，全都对未来收养她们的父母拥有无限的期待。"不过他们有的想做有钱人家的小孩，还挺难沟通的！哈哈。"

A | B |
C |

A. 工作室与公寓内到处都可以看到Christelle的手绘作品。

B. 卧室到处都充满艺术家氛围。

D. 创作时剩下的零星碎布，被Christelle缝了许多小枕头，搭配上自己充满温馨色彩的手绘图案，竟也成了朋友间的抢手货。

*手创人大提问Q&A：

你觉得设计和艺术是什么？

艺术是表达自我情绪与感受的一种方式，双手则是我的工具，我觉得自己比较像是艺术家而非设计师，从我做的玩偶和手绘作品中你应该就可以体会我想表达的意思。

你有收集其他设计师的作品吗？谁是你的最爱？

在艺术的广大领域中，我喜欢欣赏不同的画作，其中Francis Bacon是我的最爱。我做线条简单的丑娃，但我喜欢的画家都是充满特色的怪人，例如Klimt和Toulouse Lautrec。此外我也喜欢室内设计和商品设计，但服装设计就还好，或许因为大部分服装设计师都太讲究潮流或市场的喜好，所以我比较无法从设计服装上感受到设计人的原创力吧！时尚设计产业中只有布鞋比较合我的意，因为它充满各种色彩与街头风格，更是逛遍巴黎最耐用的时尚产物！

你喜欢住在巴黎吗？

巴黎是"我的"城市！走过数不清的城市，但只有巴黎给我像家的感觉。

你平常都怎样放松自己呢？

我喜欢在街头散步、在博物馆看展览、看电影和购物！周末我喜欢在圣马丁运河旁的Chez Prune喝点小酒，让自己被充满法式情调的氛围环抱。

你每天都吃可颂面包、法国面包和喝咖啡吗？

黑咖啡我每天喝，再搭配涂上咸奶油的烤土司……嗯～～。如果我男朋友在星期天早上有买到刚出炉的可颂面包的话，我就会吃，否则几乎不太吃。

头上戴花的优雅Boutonnette，虽然身形属家族中最娇小的一员，但却是最注重细节的小美女，不管是胸前的纽扣或是洋装正反面颜色图案的搭配都极为讲究。

What is design or art for you?

Art lets you express the way you feel. Your hands are the tools. I won't say I'm a designer, my work is most creative in an artistic sense.

Do you also collect other designers' / artists' products？Who's your favorite designer/ artist?

The one I really find impressive is Francis Bacon, I have feeling from his paintings.Thus I make simple dolls. My favorite artists are the most weird. I like Klimt and how he uses the gold sheets on his paintings. And Toulouse Lautrec, strange and small man, but with an incredible life and artistic sense. I also like interior design, and product design but clothes don't inspire me as they should, maybe cause it's over fashion, not original enough, and also very predictable. What I really love is sneakers, they're fun, colorful, and the best way to cross Paris!

What do you think about life in Paris?

I love my life in Paris, that's my town, even if I like to travel, but only Paris makes me feel like at home.

What do you usually do to relax yourself and for fun?

I love to walk in Paris, going to museums, cinemas, and of course shopping. On the weekends I usually have a drink at Chez Prune, a typical Parisian pub, next to the canal st.Martin. It's a nice place to live in.

Do you eat croissant, baguette and drink coffee every day?

I drink black coffee everyday, and eat some bread...no croissant.I usually have toast with salty butter, with black coffee. On Sunday, I eat some croissant, but only when my lover bring them still hot from the bakery...

*巴黎私房推荐: ✎

最常出没的地方:

　　圣马丁运河、里沃利街、玛黑区等地方。

最爱逛的市集:

　　其实我很少逛市集，宁愿坐在餐厅里或其他地方。

最爱泡的咖啡馆/小酒吧:

　　Chez Prune。

最爱看的画廊或博物馆:

　　巴黎织品服饰博物馆、巴黎时装博物馆、巴黎东京宫以及大皇宫。

最爱买的小店:

　　因为预算有限，所以——最常去消费的店是——H&M。

Where to find me?

Across the canal Saint Martin, in summertime you can fix a drink there and snack. In Rue Rivoli street for shopping, in le Marais, for the pleasure and all around the close center of Paris, with so many cool shops like Vanessa bruno, zadig et Voltaire and so on and so on...

Favorite market:

I don't really go to market...I'm often in a restaurant or snacking anywhere...

Favorite café and bar:

Chez Prune.

Favorite gallery/museum:

Musée de la Mode, Musée Galliéra, Palais de Tokyo, Grand Palais.

Favorite shop?

Because sometimes I can't afford more, it's H&M.

A | B
C |

A. B. 有空时Christelle也喜欢做手绘服饰送给朋友，简单的构图与浓艳的色彩，充满着法式童真浪漫。

C. 工作室与公寓内到处都可以看到Christelle的手绘作品。

俏皮日系猫玩偶
Marie Laura

　　和Tandoori的第一次接触是在巴黎一家专卖手工艺品的小店，充满日式漫画风格的角色，加上Tandoori这个日本味十足的名字，一开始还以为这又是日本新推出的角色公仔，但在细问店家之后才知道，原来Tandoori是不折不扣的当地手创品牌，且除了公仔外还推出一系列的T恤、背包等街头休闲风十足的作品。循线认识了Tandoori的设计师Marie，热爱日本卡漫文化的她，本身除了手工创作Tandoori系列商品外，更在法国的卡通界小有名气，每天在电视上都可以看到她的动画节目呢！"我很喜欢日本设计的小东西，但Tandoori这个名字不是刻意为塑造日本味而取的啦！"在巴黎卡漫界人缘不赖的Marie无论是构思故事情节或塑造角色都很有自己的一套办法，但一讲到要为自己取个笔名可就头大了，"让我很诧异的是，朋友们帮我想的几个笔名都很有我的风格呢！"在四处征求友人的意见与看法之后，Marie从几个名字中选了对她胃口的"Tandoori"作为日后她的创作代名词。

*Design Data

品　　牌：Tandoori design
手创人：Marie Laura，别名Tandoori
职　　业：卡通画家
网　　址：http://tandoori.canalblog.com/
哪里买：Gallery L' Art de Rien、 Baum shop、法国其他城市与意大利

"训练画风最好的方法就是不断地创作！"

很难想像在动画界小有成就的Marie其实从未上过艺术学校，从小就爱画画的她将日常生活中观察到的小细节，与脑中的想像世界相结合，通过多年来的自我训练，Marie逐渐建立起自己的绘画风格，结合简单线条与几何图形构建出角色的外形，再把自己的幽默个性融入其中，Marie笔下的人物总是让人看了会心一笑。2005年时Marie在纸上画出Tandoori的第一代人物——可爱猫，以色彩对比强烈的毛毡布为主要素材，搭配上亲手缝出的逗趣表情，有钥匙圈或胸针功能的可爱猫立即吸引了巴黎卡漫族的注意。Marie随后又推出功夫猴与幽灵水母等角色，在布料运用上除原本的毛毡布之外，也开始与绒布等其他材料相结合，但仍旧维持其简单利落、幽默逗趣的风格。

"除了将创作角色运用在公仔玩偶上外，我也一直思考如何将自己的专业运用在充满街头、都会气息的服饰产品上。"从动画设计到成立自有品牌，Marie一直希望将角色创作与时尚相结合，终于她在2007年成功地推出一系列以功夫猴、可爱猫为主的T恤、邮差包等年轻人喜欢的街头服饰，让自己的创作更贴近年轻人的生活所需。"每次看到新设计让其他人惊喜不已的时候，我就觉得很得意，哈哈！"

"身为设计师，我真的觉得可以住在巴黎是件很幸运的事情！"

沉浸在充满艺术、文化与时尚气息的大都会中，Marie尽情地享受巴黎为生活与创作事业所带来的一切便利。"巴黎不仅为我的创作工作提供许多机会，更为我的人生带来许多正面的新转机。"

运用弹性布料搭配网版印刷创作出的功夫猴玩偶，捏在指间的特殊触感给人留下深刻印象。

*手创人大提问Q&A：

你如何行销自己的品牌？

参加设计展、创意市集，或是利用在线相簿与网络资源让其他人看到我的新作品。

你觉得艺术是什么？

艺术是种宣泄与分享情感的渠道，也是创作人与大众沟通交流的一种手段。

你也收集其他设计师或艺术家的作品吗？谁是你的最爱？

有很多插画家的作品我还挺喜欢的，例如Tokidoki就是我的最爱，因为设计师Simon知道如何把新东西融入都会生活当中，并运用在不同的商品上。此外，一些法国本土设计师的作品我也挺爱的。

你都如何排解生活压力？

画画、缝娃娃、想些新设计或是做运动。因为我通常都工作到很晚，所以没什么时间和朋友出去玩。

你每天都吃可颂面包、法国面包和喝咖啡吗？

咖啡我天天都得喝，可颂和法国面包则是我周末早餐桌上的必备美食。

What do you do to promote your brand?

To promote my designs I participate in exhibitions and markets in Paris, and expose pictures of my new creations on-line.

What is art for you?

Art is a way to express and to share an emotion. Art is made to disturb. It is to share a part of you. It is a magnificent meaning of expression and communication.

Do you also collect other designers' / artists' products? Who's your favorite designer/ artist?

There are many graphic designers whom I admire. The one that I prefer is Tokidoki because he knew how to designs with urban and innovative element to develop varied products. I like acquiring works of young French artists, too.

What do you usually do to relax yourself and for fun?

I like drawing or doing sports. After the work, I do not go out with my friends, it is often the second working day which begins. I take advantage of my spare time to draw and make new plushes, and think about new designs.

Do you eat croissant, baguette and drink coffee every day?

I reserve the baguette and the croissants for the weekends breakfast, but I drink some coffee every day.

A | B | C

A. 身兼卡通画家与公仔设计师的Marie。

B. 第三代Tandoori猫公仔，以X光的简单线条增加公仔本身的趣味性。

C. 第一代Tandoori猫公仔，以毛毡布为主，搭配其他不同的布料，小尺寸的设计适用于钥匙圈、胸章等商品。

*巴黎私房推荐: 🖉

最常出没的地方:

很多地方呢！例如巴士底广场是尝遍世界各地美食和喝酒的好地方，歌剧院那一带则有许多不错的亚洲餐馆。

最爱逛的市集:

"Chateau Rouge"，在那里你可以找到各式各样的香料。

最爱泡的咖啡馆/小酒吧:

我最爱去的酒吧是巴士底广场的Les Furieux，除了老板人还不赖之外，那里也常常有不错的展览，整体的气氛让人感到很舒服。

最爱看的画廊或博物馆:

罗丹美术馆，我喜欢他们挑选作品的眼光。

最爱买的小店:

巴黎有太多我爱逛的小店了，实在很难挑出最爱的一间。

Where to find me?

There are several districts where I like walking in Paris.The district of Bastille is ideal to make a culinary world tour or go out with friends.The district of Opera is a place where I like going to find very good Asian restaurants.

Favorite market:

"Chateau Rouge" market , because we find all the ingredients there to make good exotic meal.

Favorite café and bar:

the bar "Les Furieux" on Bastille district, not only for the kind manager, but also because we can discover various art exhibitions. It's a very pleasant place.

Favorite gallery/museum:

The Rodin museum. I like discovering and rediscovering this big artist's works.

Favorite shop?

I don't have a favorite shop in Paris because there are so much that I love that it is impossible to choose one.

A |
B | C | D

A. Marie画卡通时的工作台。

B. 以功夫猴、可爱猫为主的T恤及邮差包，这些充满趣味的街头服饰，让Marie的创作更贴近年轻人的生活所需。

C. 工作室一角的电视柜上，摆设了在日本、中国台湾地区都拥有超高人气的暴力熊布偶。

D. Marie买了很久却一直没空涂鸦的素胚公仔。

巴黎

黑色幽默型布偶配件
Marylin

"啊～～～～好冷啊！我们小跑到我家吧！"寒冷的星期天午后，Marylin和我约在地铁站碰面，前一天晚上在夜店打工到凌晨才回家的她，带着刚睡醒的浓厚鼻音边尖叫边和我一路跑回她家。除经营包含玩偶、T恤、饰品配件的自有品牌外，她还身兼名牌设计师首席助理、夜店调酒师等工作，偶尔还得客串摄影师朋友的模特儿，多彩多姿的生活让Marylin有机会体验不同的人生与观察各形各色的人，也间接地造就她多元的创作风格：时而性感、时而灰暗、时而搞笑。

*Design Data
品　牌：Ylin Fée Muse
手创人：Marylin Perrod（Féeline）
职　业：服装设计师、设计师助理
哪里买：Atelier Boutique "Koët"

"所有和时尚有关的东西我都感兴趣。"

跟在裁缝师祖母身边长大，Marylin自幼便被灌输了许多服装制作上的观念。从设计学校毕业后，Marylin曾经在香奈儿、Morgan、Andrew Crews等知名品牌的设计团队工作，累积了丰富实战经验的她对于自己的品牌自然希望可以朝多元化发展，在各种尺寸的玩偶、提袋、包包、T恤到项链手环等配件设计中，可以看到Marylin在服装设计上的专业技巧，以及极富个性的手绘风格。"在所有设计与艺术的领域中，我最喜欢画画，因为对我来说那是一切创作的基础！"

"当灵感来的时候不管我在干吗，都会赶紧把想到的角色画在随身小画册上。"

在日内瓦长大的Marylin从小就爱在纸上涂涂抹抹，最爱达达艺术的她绘画风格也走反主流路线，从身边每个人的言行举止中，Marylin找到创作的灵感，自成一派的画风结合甜美、血腥、情色等不同元素，多元发展的创作角色几年下来竟也超过一百多个。Marylin的书架上除了堆满各种关于服装设计或现代艺术的书籍外，其余的都是记录着她创作路程的素描本，从早期的仿日式漫画到近期渐趋成熟的画风，一些重复出现的角色间，上演着曾发生在你我身上的日常琐事。Marylin就这样让这些凭空想像出的插画角色活在她的素描本里，"等到有一天我觉得该是赋予他们生命的时候，他们就会出现在我的各项创作中喽！"

"创作是我生命的一部分，我根本无法想像不再创作后的生活会变成怎样！"

"她呢，叫甜心小艺妓，很可爱、很有日式禅风吧！"虽然Marylin统称所有的插画角色为Poofs，但她还是细心地为每个角色分别取名，并将每个角色的性格与特征直接融入姓名中，让人第一次看到就对她的创作留下深刻的印象。

A | B
A．B.混搭经典与街头时尚风格的Maryin，就连工作室也走混搭风。

*手创人大提问Q&A:

你创作生涯中所经历过最大的难题是什么？

钱！！！

你也收集其他设计师或艺术家的作品吗？谁是你的最爱？

我会买介绍其他设计师或艺术家的相关书籍，但他们的作品我只欣赏而不会真的去买。与其收集名家的创作，我更喜欢收集一些稀奇古怪的东西，例如童真玛莉亚的雕像或塑胶金鱼公仔。

你觉得住在巴黎的日子如何？

巴黎简直就像一片丛林，只要放开心胸多花时间就可以交到不少朋友并享受这里的生活，;)巴黎拥有十分多元的文化背景，到处都有自然与艺术美景，这座城市有股魔力，随时充满着变数，这样的生活我很喜欢！

平常怎么纾解生活压力？

大叫！有事没事叫一叫心情就会好很多，很有用哦！我也喜欢靠着在公园漫步、狂吃甜点或是在夜店跳一整晚的舞来减压。有时候我会趁着晚上没什么人的时候上街逛逛，享受巴黎寂寥的街头夜景。周末和平日对我来说没啥两样，^o^ 我还是照样画设计稿、缝东西，偶尔看看蒂姆·波顿、大卫·林奇和库斯图·里察这些大导演的片子。

你每天都吃可颂面包、法国面包和喝咖啡吗？

耶耶耶耶～～～尤其是涂了一堆榛果巧克力酱的可颂和蔓越莓果酱的法国面包，再配上一大杯黑咖啡或热茶……嗯～～～赞！

What's the most difficult part in your design life so far till now?

Money !!!

Do you also collect other designers' / artists' products? Who's your favorite designer/artist?

I admire them but I don't collect them. But sometimes I buy their books. I prefer collecting strange stuff. Like medallions of the Blessed Virgin, or plastic fishs...

What do you think about life in Pairs?

It's a real jungle. You have to be perseverant, no depressive and make friends ! ;) Paris is a fabulous cultural city, it's such a so beautiful city, there is a magic energy. It changes and moves every day. I love it !

What do you usually do to relax yourself and for fun?

I shout very very loudly, I dance like evil, I walk in parks and of course I eat tones of pastries. And see Paris by night...it's magic !!!

On the weekends? It's the same ! ! ! ! ! ^o^ I draw and saw a lot, watch the movie of Emir Kusturica / David Lynch / Tim Burton ...

Do you eat croissant ,baguette and drink coffee every day?

YEAHHHHH ! (With a nutella !!) and the best is the baguette to cranberry .

*巴黎私房推荐：🖉

最常出没的地方：

　　我常到蒙马特或是在Barbes一带买布，在卢森堡公园旁的圣日耳曼找朋友，或是在Belleville看有啥新鲜事发生。晚上我则一定会到玛黑区报到。

最爱逛的市集：

　　布市……

最爱泡的咖啡馆/小酒吧：

　　Le Café qui Parle、Le Loir dans la Théière、Au Bon Coin.、Chez Irène et Bernard。

最爱看的画廊或博物馆：

　　L'Art de Rien、庞毕度中心、巴黎东京宫、Living Room。

最爱买的小店：

　　Lazy Dog、ArtAzart、Céline Lune Paris、Tombés du camion、Purée Jambon、Si tu veux。

Where to find me?

"In Montmartre" near the Sacré Coeur. And Barbes for fabrics. "St Germain" to see friends next the "Jardin du Luxembourg". "Belleville" for walking and see some strange people and things. And "Le Marais" at night !

Favorite market:

Tissues markets…

Favorite café and bar:

Le Café qui Parle,Le Loir dans la Théière,Au Bon Coin.,Chez Irène et Bernard.

Favorite gallery/museum:

L'Art de Rien,Centre Pompidou,Palais de Tokyo,Living Room.

Favorite shop?

Lazy Dog,ArtAzart,Céline Lune Paris,Tombés du camion,Purée Jambon,Si tu veux.

A | C | D

B |

A. B. Marylin的手绘棉T恤充满她带点黑色幽默与可爱浪漫的风格。

C. Marlyin的手绘提袋。

D. Marlyin为男性玩家所设计的异型庞克公仔，却也引来不少女生的注意。

032

巴黎

疗伤型玩偶杂货双人组
Komori & Marioniks

男女双人的设计组合通常不是情侣就是夫妇，但Maxime和Marion间却没有任何暧昧的情愫，纯净如水一般的友情却比任何人都深厚。多年的交情加上彼此对于设计与音乐的热爱，让两人成了拥有创业革命情感的伙伴。自Maxime的DJ艺名Komori衍生而出的品牌Nekomori，走的是日式漫画路线。诞生于Maxime笔下的创作，由Marion一针一线赋予其具体生命，无论熏香袋、抱枕或贴身衣物，全都搞怪到叫人爱不释手，装在寿司盒里的公仔也因而成了巴黎人的热门话题！

*Design Data
品牌：Nekomori
手创人：Marion Bayl (艺名Marioniks) / Maxime Tisserand (艺名 Komori)
职业：Marion——服装设计师、Nekomori的经理
　　　Maxime——Nekomori的艺术总监与公关、音乐制作人、Rolax的音乐与艺术总监
网址：http://www.myspace.com/komafactory
哪里买：Lazy Dog、Not so big、Artoyz、Galerie du jour agnès b，以及比利时

角色的创作抱枕——Nekonurse。

角色的创作抱枕——Demoneko。

Marion手缝Nekomori各角色公仔的创作空间。

Maxime与他最爱的Komo公仔。

　　"如果当初Marion没有缝Komo送我，今天大概也不会有Nekomori吧！"

　　最初为音乐网站所画出的代表人物Komo，一直以来都是Maxime的最爱，在一次结束长达数星期的巡回表演回到家后，Maxime收到Marion亲手缝制的Komo，作为演出成功的祝贺与那一年的生日礼物，或许是过度劳累为创意开了扇窗，收到Komo公仔的Maxime在惊喜之余，写下一连串关于Komo与其他朋友的故事。"Komo是个爱吃又爱和朋友分享美食的怪物，Demoneko因为不断被迫吃下Komo送来的食物而生病了，幸好这时有Nekonurse的适时相助，Demoneko才好转。同样一天到晚生病的还有粉红小马Mister K，老是发烧感冒的他因为药吃得太多，连眼睛都变成了K他命的"K"。而Superneko则是这群怪物中最健康，却也最爱幻想自己是超级英雄的角色！"一连数天的脑力激荡后，Maxime和Marion决定将这些角色带到现实生活中，为无聊的现代人增加一点生活的刺激。"因为Komo爱吃草莓，所以Marion和我决定在各个公仔中加进不同的香味！"草莓、香蕉、椰子、巧克力和青苹果，每个Nekomori公仔所散发出的自然芬芳，据说放在衣柜内可持续数月而不散。"因为我们这一带住了不少日本人和中国人，所以我们想出把Nekomori装进寿司盒的点子，旁边那个酱油盒正好可以拿来装胸针！"一个角色三款设计的胸针，间接促进消费者的收集欲望，买气人气都因此而节节高升！

A | B
A.总是幻想要变成大英雄的
Superneko。
B. Nekomori的元老：Komo。

"设计与创作是我生活的动力与点亮我生命的唯一事物!"

多才多艺也多情的Maxime,曾经差点为爱放弃创作,不过在仔细思考过后,他发觉自己对设计的热情远比其他事物高,因此他留在巴黎,继续追求自己的理想。"如果我生命中少了艺术与音乐创作,我可能会像行尸走肉一样吧!"不同于Maxime,Marion从学校毕业后便一直执着于设计工作,除Nekomori外,她还担任Quechua这个运动品牌的男装与童装设计师。

"将来你也可以在网络上观看Nekomori的卡通哟!"

受到Hello Kitty的刺激,Maxime开始着手进行Nekomori的卡通策划,他运用自己在音乐上的天赋为Komo、Nekonurse、Demoneko、Mister K和Superneko创作没有文字的语言,以简单的音阶表达各个角色的情绪与感受,以应对未来网络无国界的环境。在Maxime如火如荼地催生动画版Nekomori的同时,Marion则是努力构思Komo等妖怪的新伙伴,不断地扩建Nekomori的想像国度。

吃药吃到眼冒金星的Mister K。

Maxime旅游时收集来的公仔玩偶。

*手创人大提问Q&A：🗨

你们认为设计或艺术是什么？

设计和艺术其实都是创作者在把玩某些创作概念时灵光乍现的小幽默或点子，通常就在同一时间我们会很清楚地了解该如何将这些灵感具体化，而紧接着就是一件伟大创作的问世！也因为创作基本上是我们内心感受的具体呈现，所以不需要累赘的字句去解释，它的存在就是我们将现实生活融入想像世界最直接的见证。

你们收集其他设计师的作品吗？谁是你们的最爱？

我有收集钢弹系列，还有去泰国时无意间收集到的泰式早餐超人……哈哈！Marion的收藏则大多来自Artoyz的一些法国设计师的创作公仔。

你们喜欢住在巴黎吗？

我们都很爱巴黎这座城市，但Maxime觉得巴黎街头的警察越来越多，物价越来越高，他曾提过想搬到别的国家住。我则希望自己可以有多一点时间来欣赏与享受这座城市。

你们平常都怎样放松自己呢？

抱抱我的猫、泡澡、看杂志、玩DS、看电视剧和卡通，以及混音打碟都可以让我暂时忘记繁重的工作。Maxime则靠打电动、DS、PS2，和朋友出去喝酒，以及看卡通、看杂志来放松一下。周末时Maxime常去听演唱会、跳舞、开家庭派对，或是在Party上放音乐，我则是和朋友去喝酒、跳舞，如果精神还不错的话，我偶尔还会去公园慢跑。

你们每天都吃可颂面包、法国面包和喝咖啡吗？

我们都常吃可颂和法国面包，但是不是每天。

What do you think about design or art?

It's playing with your own concepts and obsessions till you notice that you did something fun or unexpected. At the same time you have to get a clear vision in your head, of what it should look like! Your perception of life doesn't have to be explained so much, it just has to exist and show your determination in giving life to your fantasy.

Do you also collect other designers' toys/dolls? Which character is your favorite?

Maxime: My little poney, Gundams and Thai Breakfast robots...haha...it's a Random collection I got on my trip.

Marion: I have some Artoyz figures as stereotype, dunny's double face, 2 cute zombicats but the one I prefer is my new "labbit" with a moustache! Haha!

What do you think about life in Paris?

Maxime: I love Paris but it's harder everyday, very expensive, police everywhere, I think about moving to another country.

Marion : I love Paris and its diversity but I wish to have more time to take more advantage of it.

What do you usually do to relax yourself and for fun?

Maxime: video games, DS and PS2, drink and smoke with friends, watch short animations and read mangas. On the weekends, I go to concerts, clubs or apartment party, deejayin, meet new people, sex and vaudoo.

Marion : For relaxing, give my cat a hug, make bubbles in my bath, read mangas, watch TV series and animations, play with my Nintendo DS and deejaying. And on the weekends, I drink in bars and see my friends, I go parties and when motivated, go to jogging in parks!

Do you eat croissant, baguette and drink coffee every day?

Maxime: Very often but not every day.

Marion : Not every day but I love croissants!

Maxime的首张专辑，由插画家朋友操刀绘制的封面里，装的是DJ最爱的黑胶唱片。

*巴黎私房推荐：

最常出没的地方：

想遇到Maxime的人请多到18区、亚勒区、巴士底区和Les Canaux这几区晃晃。想遇到我的人，除以上几个地方外，还可以多到共和广场和圣马丁运河一带走走。

最爱逛的市集：

Maxime不逛市集，我则喜欢Les Puces和Marché de l'Olive。

最爱泡的咖啡馆/小酒吧：

Maxime喜欢去Le Zorba、Au Chat Noir和星巴克，我喜欢去Café de Menilmontant和Cafe Charbon。

最爱看的画廊或博物馆：

我们都喜欢去巴黎东京宫、Galerie du jour Agnès B以及庞毕度中心，此外Maxime也喜欢去Galerie Magda Danysz。

最爱买的小店：

我喜欢去Citadium，Maxime则喜欢上网购物。

Where to find us?

Maxime: My hood paris 18ème, Les Halles, Bastille, Les Canaux.

Marion : My neighbourhood "Marx Dormoy" in the 18th district, Châtelet-les-Halles, Bastille, République and along canal St Martin.

Favorite market:

Maxime: None.

Marion : "Les Puces" and the "Marché de l' Olive" in the 18th district.

Favorite café and bar:

Maxime: Le "zorba", le "chat noir", random bars, starbucks.

Marion: randoms bars in "Menilmontant" and "Oberkampf".

Favorite gallery/museum:

Maxime: Galerie Magda Danysz, Galerie du jour Agnès B, Palais de Tokyo, Centre Pompidou.

Marion : Palais de Tokyo, Galerie du jour Agnès B, Centre Georges Pompidou.

Favorite shop?

Maxime: I got an awesome selection of brands and shops online.

Marion : Citadium.

A | A.老是被Komo欺负的Demoneko竟然还出了限量发售
B | 的SM版抱枕！！！

B. Maxime与Marion为法国著名《Shouse》杂志创作的运动鞋版Demoneko公仔。

巴黎

抽象派另类丑娃
Muriel Gambarotto

巴黎郊区的Muriel家是我梦想中的公寓，Loft式的空间内铺满粗犷的木质地板，浴室与卧室的拉门刻意设计成船舱式圆形窗户，充满航海气息的整体环境里，简单地分为卧室、工作间、客厅与摆有桌上足球与弹子机的游戏间，偶尔会上夜店客串DJ的Muriel和爱跳舞的室友有时干脆就在家里开Party！

*Design Data

品牌：[Grrr] Klub

手创人：Muriel Gambarotto

职业：视觉设计师

网址：www.grrrklub.com

哪里买：Georges、Galerie l'art de rien、Le Cri de la girafe、La 3eme place

"因为受够了每天上下班帮客户赶案子的生活，我辞掉了别人眼里的高薪工作。"

大学毕业后拥有视觉传播、网页设计与艺术创作等相关专长的Muriel，顺利地找到巴黎当地知名设计公司的工作，有一天她实在无法忍受为了工作而压缩私人空间的生活模式，Muriel便辞去工作，选择做个自由接案的创意人。"虽然薪水少了很多，但是我活得很开心自在！"终于有空做自己的Muriel开始受到朋友的托付，要她帮忙设计具有特色的服装，Muriel先是在这些订制服上天马行空地画些灵感乍现的图案，但在发现一些丑娃和怪兽出现的次数越来越频繁后，她决定赋予笔下这些创作角色真实的生命。

"我做的这些怪兽不带有什么伟大含义，喜欢他们的人都是一眼看到就爱上了！"

不同于其他艺术家或设计师极欲通过作品表达某种想法，最爱荧光色系的Muriel将创作定位为灵感的抒发，她注重颜色与表情呈现在作品上的感觉，"我希望他们看起来就好像会思考、有生命一样！"

"对我们做设计的来说，没有所谓的下班时间啦！"

或许正是因为热爱创作，所以Muriel一天二十四小时即使是睡觉，都还是想着如何把Grrr Klub做得更好，现在在她的官网上除了认识与购买她的作品之外，你还可以一步步地学会如何做丑娃，"我不怕被人模仿，因为从你进到我的网站或是看关于Grrr Klub报道开始，你就有模仿我的机会。我相信自己的专业风格，绝不是三两天就可以被人模仿走的！"

*巴黎私房推荐: ✎

最常出没的地方：

玛黑区，我很喜欢这区混合复古与时尚潮流的气氛。晚上我常去Bar bieturix，因为那边的音乐很赞气氛也很好。

最爱逛的市集：

位于Rue de Bretagne 39号的一个红孩子市集，它是巴黎最古老的市集，位于一栋旧的孤儿院内。

最爱泡的咖啡馆/小酒吧：

Le Troisieme Lieu。

最爱看的画廊或博物馆：

巴黎东京宫。

最爱买的小店：

BHV和Rue de la Verrerie上的特色小店。

Where to find me?

Le Mrais. I love that area. Its a mix of vintage and fashion. In the evening, I always go to Bar bieturix because the ambiance there is good and the music too!

Favorite market:

The market Enfants-Rouges. That's the oldest market in Paris, in an old orphanage.

Favorite café and bar:

Le Troisieme Lieu.

Favorite gallery/museum:

Palais de Tokyo.

Favorite shop?

The BHV and the small design stores in the rue de la Verrerie.

*手创人大提问Q&A:

你觉得设计或艺术是什么?

艺术让世界变得更美丽、更敏锐、更有智慧也更有意义。

你收集其他设计师的作品吗? 谁是你的最爱?

我有很多其他人的创作哟,不管是娃娃还是公仔我并不特别局限在某个人的作品上。我喜欢的艺术家有: Jeremyville、 Beck Wheeler (kissy kissy toys)、 Pulcomayo、Doma、Tabas、Blobby Farm。

你喜欢在巴黎的生活吗?

我超爱巴黎! 这里永远都有事做,且住在巴黎让我有种住在世界中心的感觉!

你平常都怎样放松自己呢?

我都靠打电动游戏、听音乐和写歌来纾解压力,周末的时候我常去听演唱会、和朋友去跳舞,或是去看展览、散步。

你每天都吃可颂面包、法国面包和喝咖啡吗?

我不喝咖啡,每天早餐我都吃奶油面包配热可可,而且一定要把面包泡在热可可里一起吃。

What do you think about design or art?

Art makes the world more beautiful, more sensitive, more intelligent, more to the point.

Do you also collect other designers' toys/dolls? Which character is your favorite?

I have a lot of stuff from other designers, I don't collect anything in particular, just buy what I like. My favourite artists are Jeremyville, Beck Wheeler (kissy kissy toys), Pulcomayo, Doma, Tabas and Blobby Farm.

What do you think about life in Paris?

I love it! There is always something to do. And when you live in Paris you get the impression that you live in the center of the world!

What do you usually do to relax yourself and for fun?

I play videogames, listen and make music. On the weekends, I often go to concerts, go clubbing with friends, I also go to exhibitions quite a lot, taking a walk...

Do you eat croissant, baguette and drink coffee every day?

No coffee. I always have my breakfast with butter bread and hot chocolate and I dunk my bread into the chocolate!

A | B | C

D |

A. 极具个人特色的装潢手法,让工作室、住家与游戏间融合在一起。

B. 大牙仔(Theeth)有着绝对大颗的牙齿与五彩缤纷的外衣。

C. 无名氏(No Name)是Muriel的随性创作。

D. Muriel与最爱的猫咪。

艳丽勾魂大眼娃
Pauline

巴黎

第一次在网络上看到Pauline的作品就深深被吸引，那一双双妖艳狐媚的勾魂眼玩偶，直觉地让我想到红磨坊里的那些康康舞女郎，以及巴黎女人无论几岁永远具备的那股致命吸引力。就和她的创作一样，Pauline有双让人难忘的漂亮双眼。Pauline的工作室就在自家客厅，小巧温馨的环境里摆满她到各地旅游所搜回的战利品，据说只有在这样的环境中她才能安心地创作。虽然品牌才刚成立没多久，却因为细致的做工与让人过目难忘的特点，而在巴黎开始拥有一群粉丝，时时期待着Pauline的新作推出。

*Design Data
品　　牌：M'zelle Polette
手创人：Pauline
职　　业：包装设计师
网　　址：http://mzellepolette.over-blog.com/
哪里买：个人网站或创意市集

"眼睛是女人最迷人的地方，每一个眼神都传达着不同的情绪与感受。"

从学校毕业后的Pauline凭着商品设计的专长，从事包装设计六年后，才开始自己的手创品牌。从在纸上画下的灵感到亲手缝出的第一个成品，这中间Pauline花了不少时间琢磨与研究身边往来人们的眼神，仔细地将人与人交会的瞬间化为传神的玩偶。"我的玩偶一定都是八字形，且左眼一定比右眼大，因为……这样的眼神比较勾人啊~~哈哈。"为了方便未来开发出更多不同的表情，Pauline在创立品牌之初，便决定以统一的外形进行创作。运用自己最爱的毛毡布、假皮草、漆皮等原料，依玩偶所应呈现的各种情绪，搭配上各式亮片、串珠，一针一线地缝出宝莱坞女郎的迷魂眼、豹皮女郎的摄魂模样、庞客女郎的艳丽表情，是天使还是魔鬼全都掌握在Pauline游走的针线中。

"M'zelle Polette指的就是我啦！"

Pauline认为自己就是品牌的最佳代言人，那何不用自己的名字作为品牌名称呢？但如果直接叫"Pauline"似乎缺少点什么，左思右想之后她采用自Pauline衍生出的Popo、Po和Polette等昵称，将以女人双眼为灵感来源的玩偶品牌叫做"M'zelle Polette"，意思就是"Pauline小姐"。

"在设计过程中，我重视颜色与各种布料间的平衡感。"

以商品设计的观点看待手工玩偶的创作，Pauline的作品不仅活灵活现、做工细致，也带有功能性在内，钥匙圈、别针、挂饰……完全贴近年轻女生对于时尚配件的需求，多元化的搭配方式紧抓住巴黎少女的口味！

A | B | C
D |

A. 家人的照片、朋友送的礼物，与旅行中搜集的小东西，全是陪伴Pauline创作的好伙伴。
B.C. 在自家客厅里的工作室是Pauline最爱的创作场所。
D. 彷佛要翩然起舞的宝莱坞舞者，只有Pauline能够成功地抓住其极具魅力的表情。

*手创人大提问Q&A:💬

你创作的时候有什么怪癖吗?

我喜欢在家里工作,让自己被喜欢的小东西围绕着。还有,电视机一定得开着,否则我不能专心在创作上。

对你来说,你觉得设计是什么?

我对设计有着百分百的热情和动力,它不但是我的工作更是兴趣,设计是我生活的全部。

你下班后通常都做些什么?

周末或是下班后我常和朋友碰面,有时候喝喝小酒;有时候去看电影或音乐剧。我也喜欢游泳来放松身心。

你觉得住在巴黎是……

巴黎是个刺激的地方,到处都是充满艺术细胞的人。戏院、电影院、博物馆、展览、时尚……哪里都有新奇的东西可看、可玩,你绝不会感到无聊!

你每天都吃可颂面包、法国面包和喝许多咖啡吗?

并没有!那全是外界对巴黎生活的憧憬啦!我喜欢吃夹果酱的法国面包,偶尔才会在星期天吃一次可颂面包。我比较喜欢喝茶,偶尔才喝点咖啡。

Do you have any special needs when working?
I need to be comfortable at home surrounded by all my things, and the TV must be on.

What do you think about design?
Design is my passion, that's why I made it my job as well as my hobby. It's all my life...

What do you usually do for fun after work?
I go out with my friends, and sometimes go swimming to relax myself. I often go to the theater and cinema with friends study in acting. I also go to the pub after work.

What do you think about life in Pairs?
It's stimulating as there are many independent artists. There are easy access to all kinds of culture , cinema, exhibitions, museums, theaters, fashion...very dynamic town to me.

Do you eat croissant, baguette and drink coffee every day?
No, it's a myth! I don't wear "beker" everyday , either.. I also like to have breakfast with baguette and jam or croissant one's in a time on Sunday. I prefer drink tea. Sometimes I'll take an "espresso".

*巴黎私房推荐: ✏

最常出没的地方:

Pigalle和蒙马特是我的最爱,有着许多充满特色的小戏院。另外,夏天我也喜欢去圣马丁运河那一带。

最爱逛的市集:

巴士底广场附近的Aligre。

最爱泡的咖啡馆/小酒吧:

最近我喜欢去St. Lazare车站附近的A Toutes Vapeurs,不但菜好吃,还有很多不错的葡萄酒!

最爱买的小店:

Artazart和Lazy Dog,有许多艺术和设计类的书籍。买衣服的话,我推荐"Be you K"。

最爱看的画廊或博物馆:

奥塞美术馆。

Where to find me?
Between Pigalle and Montmartre, I love this district, kind of "village" and there is lot of theatre there and also I hang out the "canal Saint Martin" in the 10 ème really nice in summer.

Favorite market:
"Aligre" near the "place de la bastille" .

Favorite café and bar:
For the moment to take a drink is "A Toutes Vapeurs" near the station of St. Lazare nice food and good wine.

Favorite shop?
"Artazart" and "the lazy dog" bookshops for designers,and also "Be you K" a fashion shop I love.

Favorite gallery/museum:
"Musée d' Orsay", I love this place, beautiful exhibition.

卡通式幻想毛线偶
Ketty Sean

巴黎

拥有柬埔寨与华人的血统，虽然背负着两个国家悠久的艺术文化，在巴黎出生长大的Ketty却坚持走自己的创作风格。从小和妈妈学会打毛线的Ketty将这样的技术与公仔相结合，创作出一系列另类的玩偶。在卡通陪伴下长大，Ketty坦言自己的创作路线强烈受到手冢治虫、水野纯子等动画大师的影响，Ketty将编织手艺结合插画专业，将从前只活在纸上的创作角色通过毛线，赋予全新生命。"我很喜欢各种布料与毛线，不论是通过指间或是眼睛所感受到的不同质感，都令我感到兴奋不已！"

*Design Data

品　牌：Ketty Sean plush and doll
手创人：Ketty Sean
职　业：Character Designer
网　址：www.kettysean.net
哪里买：ADELINE AFFRE SHOP、GALERIE ART DE RIEN、ATELIER BEAU TRAVAIL、CALOURETTE、CITADUIM—THE LAZY DOG、EMILIE CASIEZ、FRENCHTOUCHE、HERISSON– CREATION、THE LAZY DOG，以及比利时、卢森堡、意大利与柏林

"Ketty Sean的娃娃会这么嘻哈,有一部分是我哥害的!"

Ketty的哥哥曾经是巴黎小有名气的嘻哈DJ,浓厚的手足情谊让Ketty也为嘻哈着迷不已,尤其是20世纪80年代的著名歌手与主持人,例如她最有名的挂钟猫头鹰娃娃,灵感其实来自Flavor Flave的造型,更别提她一系列以麦当娜为主题的性感乳牛玩偶。此外,Ketty也很爱用不同的创意将日常生活中的小东西融入创作中,例如红酒、清酒、大同牌电锅,甚至是路边的一口痰都难逃她入微的观察力。

"因为有了其他的行销渠道,所以现在我很少参加创意市集了。"

曾经也是市集上的当红手创人,但长久以来Ketty发现找对合作店家与在展览上曝光,对于行销更有帮助,而她也可以专心地投入创作工作里。"我正在寻找对毛线玩偶创作有兴趣与热忱的人!"随着品牌的壮大,面对与日俱增的订单量,Ketty也不免高喊吃不消,"和我工作应该会很愉快,我们可以边听音乐边喝绿茶,在一起享受创作的乐趣,我的小猫偶尔也会来掺和一下哟!"

---

*手创人大提问Q&A:

你收集其他设计师的作品吗?谁是你的最爱?

当然,我可是奈良美智、村上隆和Friends With You的头号粉丝呢!巴黎这里的设计师我喜欢Crazy Dolls、Fabesko和Ciou.!

你喜欢在巴黎的生活吗?

我觉得自己能够住在这样一座精彩的城市里很幸运,从文化或艺术的角度来看,还有哪里比巴黎更好呢?

你平时都怎样放松自己?

在繁忙的工作中,我还是会偶尔偷闲十分钟小睡片刻或是和我的猫玩。下班后我会去参加展览的开幕式,或从烹饪中找到生活的乐趣,而上床睡觉前我喜欢看书或看DVD轻松一下。周末比较有空的时候,我喜欢在公园里漫步散心,晚上再和朋友一起去吃饭。

你每天都吃可颂面包、法国面包和喝咖啡吗?

我喜欢吃松软的可颂面包和法国面包,但咖啡我就不太行了,咖啡因让我过度紧张,只要一喝我就无法工作,所以我偏好喝茶,就像英国人一样。

Do you also collect other designers' toys/dolls? Which character is your favorite?

Of course I do! First I like the work of Yoshitomo Nara, Takashi Murakami and Friends With You. In France, I like people from Crazy Dolls, Fabesko or Ciou.!

What do you think about life in Paris?

I'm very lucky to live in such a fantastic city! From a cultural point of view, Paris is extraordinary!

What do you usually do to relax yourself and for fun?

To relax myself during hard work, I usually take 10 minutes naps or play with my cat. After work, I enjoy preparing good food! And before going to bed, reading a book or watching a movie. I often get to go to exhibition openings. During the weekends, I love to walk in gardens in Paris, and then visit some friends and have dinner with them.

Do you eat croissant, baguette and drink coffee every day?

I really like to have a good croissant or have a bite in a baguette! But I can not appreciate coffee, I get too nervous after drinking it, it's not good for my work! I'd rather have a cup of tea, the English style!

*巴黎私房推荐: ✎

最常出没的地方:

我常去卢浮宫看展览,在皇家花园散步感受皇族的气氛,在台湾人开的珍珠茶馆(ZEN ZOO TEA ROOM)喝杯加了豆浆的珍珠奶茶,在圣哲曼佩杰的La Hune图书馆找书再到卢森堡公园阅读借来的这些书,或是在充满年轻设计师的Rue Charlot这些地方逛街。

最爱逛的市集:

我喜欢在圣皮耶上买布,在陈氏商场买来自亚洲各地的食材。

最爱泡的咖啡馆/小酒吧:

歌剧院附近的La Rotonde很具法国味,Angelina的热可可、Toraya的巧克力与抹茶以及珍珠茶馆的珍珠奶茶也都是我的最爱。

最爱看的画廊或博物馆:

画廊的话,我常去Emmanuel Perrotin,博物馆的话我推荐巴黎装饰艺术博物馆、巴黎东京宫、Le Plateau以及卢浮宫。

最爱买的小店:

Springcourt、Isabel Marant、Estelle Yomeda,巴士底的Claudie Pierlot、Agnès b以及玛黑区的Erotokritos。

Where to find us?

I usually go around Louvres museum, near Palais Royal garden (it's a gorgeous place where you really feel isolated from the city).I often go to a Taiwanese tea room named Zen Zoo, I always take soya milk tea with zenzoo! I also like to hang out in Saint Germain des Près, at La Hune library to have a look at the newest art books or magazines and then go to Luxembourg garden to read them.There's rue Charlot which is quite cool now! Plenty of young designers shops!

Favorite market:

Marché Saint Pierre for fabrics and Tang Freres to buy food from all Asia!

Favorite café and bar:

My favorite café in Paris is a typical French one, not special at all! It's named La Rotonde near the Opéra. And Angelina for the chocolate!My favorite tea rooms are Toraya (a Japanese one) where I drink hot chocolate with matcha, and Zen Zoo (a Taiwanese restaurant and tea room).

Favorite gallery/museum:

My favorite art gallery is Emmanuel Perrotin, for museums I go to Musee Des Arts Decoratifs, Palais de Tokyo, Le Plateau and le Louvres!

Favorite shop?

Erotokritos in le Marais, Springcourt in Belleville or in le Marais in Calourette Shop, Isabel Marant in le Marais,Estelle Yomeda for classy shoes in le Marais,Adeline Affre for jewelery and accessories in Bastille,Et Claudie Pierlot et Agnès b for classic stuff!

A. Ketty所有创作的重要素材:数不清的各类毛线。
B. Ketty送给男友的创作,一面毛线一面不织布的特殊手法,让这口随地乱吐的"痰"成了两人的珍藏品。
C. 脚边堆满酒瓶的欧吉桑熊,边摇晃着身躯边灌酒。

A |
B | C

从漫画绘本延伸创作触角

巴黎

Marie Pommepuy & Sébastien Cosset

Marie与Sébastien的工作室位于共和广场附近，极具文人风味的楼中楼设计空间中，摆满关于艺术、插画与设计的书籍，墙上则贴着目前正连载中的漫画手稿以及参考资料。大片落地窗，不仅为工作室带来充足的光线，当Marie与Sébastien遇到创作瓶颈时，只要瞧一眼窗外的繁华街景，立刻又有了新灵感。碰面这天Marie与Sébastien刚结束假期回到巴黎，两人兴奋地边说着旅途上看到的新鲜事，边向我介绍手边正在进行的新案子：充满冒险的森林奇幻故事，温馨笔触与柔和色彩中带点惊悚的诡谲气氛，喜欢尝试不同主题与表现手法的Marie与Sébastien，这回要让熟悉他们的读者看到自己充满黑色幽默的一面。

*Design Data

品　牌：Kerascoët

手创人：Marie Pommepuy和Sébastien Cosset

职　业：漫画家、插画家

网　址：http://www.kerascoet.fr/ 、www.costume3pieces.com/en

哪里买：巴黎各大书店

"我们从六岁就开始画画了吧！"

同样来自Kerascoët这个法国小镇，同样是在巴黎的艺术学院培养专业技术，Marie与Sébastien从小就对艺术展现极大的兴趣，先毕业的Sébastien曾参与儿童游园地的设计工作，在Marie毕业后，两人便决定组建工作室共同创作。从最早的百货橱窗海报、插画，到后来与固定作家共同制作绘本漫画，Marie与Sébastien如今的书迷遍及法国其他城市及日本等地。"Kerascoët的特色啊……很难下定论耶，可能读者比较清楚哟！因为我们不把自己局限在某种题材上，会尽量去尝试不同的绘画风格与素材。"水彩、铅笔、亚克力颜料……Marie与Sébastien喜欢把玩各种颜料，与不同的创作主题相结合后，看看在纸张上会呈现怎样的效果，就连在绘画风格上，两人也喜欢多方尝试，故事背景从维多利亚时期的华丽、充满复古情怀的上世纪二三十年代，一路来到只存在于两人想像世界中的奇幻国度。

"现在我们只希望有足够的时间完成每件想做的事情。"

Marie与Sébastien常以不同的创作主题为借口，深入研究该年代的历史、艺术、时尚与人们的生活方式，好满足自己对于新事物的需求渴望。基于同样的理由，Marie在闲暇时进行玩偶创作，借机认识各种织品并探寻杂货设计的各种可能性。

A | A. 为老佛爷百货的创意部门所设计的橱窗海报。
B | C B. Marie与Sébastien的第一、二部漫画作品，以上世纪二三十年代的巴黎为背景，叙说一名少女隐身红灯区试图找出谋杀姐姐凶手的侦探故事。
C. Marie进行到一半的漫画稿。

*手创人大提问Q&A：

你们工作时有什么怪癖或特别的需求吗？

除了喝很多茶和咖啡之外，没什么特别的，我们不限定只听某种音乐，收音机或各种有声书都是陪着我们工作的声音。

你们也收集其他人的作品吗？谁是你们的最爱？

我不收集特定对象的创作，但我喜欢收集别人眼中没有价值的东西，例如叶子、小昆虫、书、不同种类的纸……有时候看到杂志上有不错的照片，我也会把它剪下来后做成日后创作可参考的目录。

你们觉得在巴黎生活如何？

太多压力啦！但是我们很爱……

你们平常都怎么纾解工作压力呢？

我喜欢在城里散步，Sébastien则喜欢打电动游戏……有时候他真的太迷Playstation啦！

你们每天都喝咖啡和吃可颂面包与法国面包吗？

这样天天吃身体怎么受得了啊！在这三种典型的"法国"食物中我们只喜欢法国面包，尤其是搭配沙拉米香肠与卡门贝尔芝士……简直就是天堂般的美食啊！

Is there any must do things when you are working?

We drink a lot of tea and coffee. But we don't have any special ritual to make us work. We don't force ourselves to listen to the same music, we listen to the radio or the books on cd.

Do you also collect other designers' / artists' products ? Who's your favorite designer/ artist?

I don't really collect works of artists, but things without any value, like insects, motifs, kids' books, leaves, all kind of paper... actually I keep everything! I cut out magazins to make some kind of catalogue... it seems for me like finding treasures in the trashcan!

What do you think about life in Paris?

A lot of stress! But we like it!

What do you usually do to relax yourself and for fun?

I take a walk in Paris, at Velib! Sébastien is a playstation addict.

Do you eat croissant, baguette and drink coffee every day?

Happily for our bodies, no! For sure some saussage and a camembert with a good baguette, that's the paradise for us!

A | B

A. Marie的工作台，墙上贴的是即将出版的手绘漫画作品。

B. 为了精准呈现上世纪二三十年代的老巴黎风华，Marie与Sébastien做了许多该年代的研究。

*巴黎私房推荐: ✏

最常出没的地方:
电影院,在巴黎有很多放外语片的电影院!

最爱泡的咖啡馆/小酒吧:
巴士底广场附近的 "Le Café de l' Industrie"。

最爱看的画廊或博物馆:
Le Jeu de Paume的各类摄影展,以及巴黎装饰艺术博物馆里各种和设计或时尚有关的展览。

最爱买的小店:
玛黑区随便一家店我们都很爱,尤其是 "Abou d' abi Bazar" 的设计类服装、"au peitit bonheur la chance" 的复古文具用品与 "Les Tourists" 的各种送人自用都很合适的设计商品。另外我朋友开的 "Opéra BD" 我也很爱,因为它是少数几家开到半夜的书店之一!

Where to find us?

Cinema... there are many foreign movies in Paris.

Favorite café and bar:

"Le Café de l' Industrie" a bistro quite close to Bastille.

Favorite gallery/museum:

Le Jeu de Paume for photography. Le Musée des Arts Décoratifs for fashion and design!

Favorite shop?

All the boutiques in Le Marais, especially "Abou d' abi bazar" for the clothes, "au petit bonheur la chance" for vintage stationary and "les tourists" for gifts. There is also the bookstore Opéra BD which is a friend's store and open till midnight.

A | B   A. Marie有空时做的拼布小玩偶。

  | C   B. Marie刚完成的许多手稿,还等着着Sébastien进行着色的工作。

C. 带有北欧温馨笔触的作品里,述说着一群从小女孩尸体中跑出来的小精灵在森林里的冒险故事。

巴黎

胖外形妙眼神的搞笑娃娃
Vincent Béchet

有一天下午在网络上闲晃时认识了Vincent，同样是做街头涂鸦与插画设计，Vincent的作品不但极具卡通性，而且充满粉红、天蓝等粉嫩色彩的风格更是深深吸引我的注意。将街头涂鸦艺术延伸到T恤、胸针、贴纸、滑雪板等商品，Vincent近来更积极发展与女友共同进行的怪兽玩偶创作。身为自由设计师的他目前有一半的时间待在巴黎，一半的时间则在法国其他各城市，推动关于涂鸦或视觉设计的各项工作。

*Design Data
品　　牌：PULCO MAYO
手创人：Vincent Béchet
职　　业：插画设计师(Graphic design)
网　　址：www.pulcomayo.com / www.qleen.com
哪里买：www.pulcomayo.com

"以前还是学生的时候，我就常偷偷地画以老师为模特的Q版漫画。"

私底下幽默无厘头的Vincent曾做过几年的医学院高材生，但他知道那并不是他所向往的工作，"我受不了一天到晚见血的工作！"因此他转换跑道进入设计学院，并在毕业后进入网页公司担任设计师的职务。做别人的案子一段时间后，Vincent也帮自己做了个网页，介绍相关的涂鸦创作，并以Pulco Mayo为品牌名称，虽然字面上不具任何意义，但高低起伏的发音却很合Vincent的胃口，"这就像法国艺术中的Cadavre exquis一样啊！"除了视觉设计与插画创作外，Vincent也和好朋友RawB合作，以涂鸦作品美化街头，并以"We Play You Pay"的口号，与各类厂商合作，将涂鸦创作与滑雪板、街头服饰或文具用品相结合，将设计触角延伸到不同层面。

"遇到Virgine之后，终于有了把以前画的一堆怪兽角色立体化的机会。"

Vincent的绘画天赋遇上服装设计师女友Virgine对布料与打版的专长后，Pulco Mayo一系列的玩偶终于诞生。街头往来的人群、店家的橱窗、地铁站艺人所演奏的音乐、书店里成堆的杂志与新书……所有环绕在Vincent身边的小事物都是他创作灵感的来源，让他得以将流行元素与日式可爱风格完美地融合进自己的作品中。

A | A. 随Vincent心情变化色彩的三角立体水母玩偶"Beton"。（图片提供：Vincent Béchet）

B | C   B. 完全投入玩偶角色个性里的Vincent。

        C. 充满各种表情的五彩云朵即将飞上天喽！（图片提供：Vincent Béchet）

*手创人大提问Q&A:

你觉得住在巴黎的生活如何?

念艺术学院的两年内我住在巴黎。我很享受那段到处探索巴黎的日子。可惜不久后这里的生活开始让我感到疲惫：长时间搭地铁、拥挤的空间、飙高的物价……种种因素累积起来促使我离开巴黎，现在我住的地方很靠近山区，生活和巴黎比起来平静许多，我很珍惜现在的生活品质。

你觉得设计和艺术是?

嗯……这问题很深奥，我一定要认真回答吗?我觉得艺术和心灵成长有关，是一种传达各种感受与让世界更美好的方式，听起来好像有点太理想化，哈哈。我自己本身喜欢从各种小创意开始，慢慢地将它转为具体的设计品，很令人兴奋呢!

你也收集其他设计师或艺术家的作品吗?谁是你的最爱?

我收集了很多Monsterism的公仔，也很喜欢Peter Fowler的作品，以及James Jarvis、Jon Burgerman、Rolito、Super Deux等人。

你平常都怎样放松自己呢?

我喜欢看漫画、逛漫画店和在床上打DS，周末时我只做些懒人会做的事情，哈哈!例如无意识地盯着电视上无聊的节目。偶尔我也会找时间画画。星期天早上我喜欢趁着没什么人的时候上街闲逛。

你每天都吃可颂面包、法国面包和喝咖啡吗?

法国面包和咖啡我几乎天天吃，可颂我只偶尔吃吃。

What do you think the life in Paris?

I lived in Paris for 2 years during my arts studies. I enjoyed this period when discovering every area. But once this exciting period past, I found the life here quite exhausting: long time travel in subway, lack of space, expensive life…The town where I live now is really peaceful compare to Paris, the mountains are just outside the town, and I really appreciate this life quality.

What is design or art for you?

Hmm…difficult question, can I have a joker? Art is a personal development, a way to express abstract things and make the world more beautiful. I'm a bit idealistic I suppose…I love the idea of starting with very little doodles, before it turns into a real project. So exciting!!

Do you also collect other designers'/artists' products? Who's your favorite designer/ artist?

I've got many toys of Monsterism, I really enjoy the world of Pete Fowler. I also love the works of James Jarvis, Jon Burgerman, Rolito, Super Deux…too many people in my list!

What do you usually do to relax yourself and for fun?

I get out to buy stuff like comic strips, or playing Nintendo DS in bed. On the weekends,I do lazy things, like watching shitty silly programs on TV. I also do paintings and take the opportunity that there aren't too many people in the street on Sunday morning to make some collages.

Do you eat croissant, baguette and drink coffee every day?

Baguette and coffee mostly every day, and croissant occasionally.

*巴黎私房推荐: ✏

最常出没的地方:
　　巴士底和中央圣马丁一带。
最爱逛的市集:
　　Saint-Ouen的跳蚤市场。
最爱泡的咖啡馆/小酒吧:
　　Café Dune。
最爱看的画廊或博物馆:
　　巴黎东京宫。
最爱买的小店:
　　Lazy dog。

Where to find me?
I like the popular district of Belleville, and also the neighbourhood of the canal St Martin.
Favorite market:
The "marché aux puces" of Saint-Ouen.
Favorite café and bar:
Café Dune.
Favorite gallery/museum:
Palais de Tokyo.
Favorite shop?
Lazy dog.

| A
B | C | D
E |

A. 像电影小精灵般的造型与鲜艳的色彩, 让Batz成了Vincent玩偶创作的热卖款。(图片提供: Vincent Béchet)
B. C. 无辜的大眼睛与额头上的一滴冷汗, 让四脚乌贼Pulpo成为Vincent畅销排行榜上的第二名! (图片提供: Vincent Béchet)
D. Vincent女友在巴黎的阁楼公寓, 也是他在巴黎的工作室, 墙上的画是他送给女友的手绘作品。
E. 就像电影《艾蜜莉的异想世界》中的情节一样, Vincent也爱带着自制玩偶在巴黎四处拍照留念! (图片提供: Vincent Béchet)

无厘头现代解嘲怪娃
Julien Canavezes

　　"Djudju"是Julien的网络昵称，因此被叫做"A Dju"的我立刻和他搭上线成为好朋友。如果你也和我一样常在巴黎的书店里闲逛，或是喜欢看插画设计方面的书籍，那你对Julien的作品一定不陌生，巴士底广场的Lazy Dog就常常能看到介绍Julien的相关资料。游走于不同的设计公司与工作项目之间，Julien了解自由创作人除了专业设计领域外，还得应付客户、厂商甚至媒体，对于数字没概念的他，长久下来也被磨练到能一手打理所有事务。从最初的插图设计，到近期所推出的玩偶、胸针，一向凭直觉做事的Julien相信自己知道自己要的是什么，凭着这股信念，现在的他走出巴黎，在欧洲、美国、日本等地也拥有一定的知名度。

*Design Data
品　牌: Toyzmachin
手创人: Julien Canavezes
职　业: 插画设计师
网　址: www.toyzmachin.com
哪里买: www.toyzmachin.com

"不要认为展览主题不是你所感兴趣的，就心存排斥不去碰！"

"我从不觉得自己有什么设计概念耶！"从小就以墙为画布，四处涂鸦把爸妈气得七窍生烟的Julien，强调自己走的是写实路线，逛街、地铁站等车、上夜店喝酒……眼睛所见的各种事物，Julien都用漫画表现出来，加上一点无厘头的搞笑个性，那些为现代人生活做代言的海盗、水手、嘻哈音乐人等角色一一从他笔下诞生。从不刻意塑造自己的绘画风格，Julien通过在学校所学的、朋友间的交流、旅途中的见闻，以及上网与看展览等过程中的长期观察，自然而然地形成现在的风格，"重要的是，不要认为对展览主题不感兴趣，就心存排斥，说不定某件展览品刚好能带给你新的刺激！"

"素描图稿是我创作的基础！"

虽然Julien在工作上重度依赖电脑，但他还是习惯先在纸上打下草稿后，再扫进电脑中做后续设计。"虽然直接在电脑上画很方便，但线条的流畅度与对造型的掌握度，对我来说还是使用纸笔比较踏实。"习惯用双手创作的Julien最早也是先在纸上画出了一堆丑娃怪物后，才使用电脑进行后期作业。"其实一切都挺偶然的，有一天看到荧幕上的这些角色，忽然想到如果把他们具体化应该也不赖吧！"就这样，Julien自己挑布、打版、裁剪，一针一线地将不同的个性融入角色玩偶中。原本玩票性质所做出来的玩偶却因为在朋友圈中大受欢迎，让Julien开始认真地看待这项创作，并正式地在网站上出售。"我很开心，因为借由这项创作，我得以接触一般插画家可能一辈子都不会碰触的素材！"

A | B | C
D | E | F

A. 愤怒毛毛手工娃：Noreille。
B. 限量手工娃：忧郁小生Noreyon。
C. 以现代上班族为模板的手工娃：Zon-Bi。
D. E. F. Julien的插画作品。

*手创人大提问Q&A:💭

你觉得艺术或设计是?

设计是艺术的一部分,它们都有带给观赏者不同感受的魔力,两者间唯一的不同在于设计具有实用性,艺术则只有观赏性。

你也收集其他设计师的作品吗? 谁是你的最爱?

我不太收集但是偶尔会看看别人在做啥,我特别喜欢Dave Mckean的风格。

你觉得住在巴黎的生活如何?

巴黎是个充满魔力的城市,提供许多关于文化与艺术的活动。

你平常都怎样放松自己呢?

我每天都会花一小时在森林里散步,好保持我在都市丛林里继续奋斗的动力,并给自己一段可以重新整理思绪的时间。周末的时候我还是不停地在创作,哎……真是个工作狂!

你每天都吃可颂面包、法国面包和喝咖啡吗?

哈哈……当然没有! 那都是谣言啦!

What is design or art for you?

For me, design is part of the art. The only difference is that design can be used but art can't. But both create emotions.

Do you also collect other designers' / artists' products ? Who's your favorite designer/artist?

I don't collect but I check what others are doing. I like Dave Mckean, I really like what he is doing.

What do you think about life in Paris?

Paris is a magnificent city that offers a lot of cultural things.

What do you usually do to relax yourself and for fun?

Almost every day I walk 1 hour in the forest. That is really important for me to not get lost in the urban jungle and to always get back to the sources. On the weekends, I draw, I draw and I draw... if not then I also draw!!!

Do you eat croissant, baguette and drink coffee everyday?

Ha ha no, of course not...that's a cliché!!!

A | B   A. B. Julien的插画作品。

*巴黎私房推荐:✏️

最爱逛的市集:

庞毕度中心里的书店。

最爱泡的咖啡馆/小酒吧:

Charbon。

最爱看的画廊或博物馆:

绝对是庞毕度中心。

最爱买的小店:

Printemps、the Galeries Laffayette和Citadium。

Favorite market:

I love the bookstore in the Centre Pompidou... I actually like the whole centre Pompidou.

Favorite café and bar:

"Charbon".

Favorite gallery/museum:

Le cenre Pompidou without hesitation!

Favorite shop?

I like Printemps, the Galeries Laffayette and Citadium!!!

巴黎

流着迪斯可血液的胸章创作
Jérome Castro

在众多的商品中，我最先看上的是Jezz的金属创作胸章，带点复古气息的绘图风格，搭配上现在欧洲流行的街头风服饰格外抢眼，我因而开始与他连络并商谈合作与采买事宜，并有机会能进一步地认识Jezz的创作世界。为追求更宽敞的创作空间，Jezz搬离住了许多年的巴黎，现在的工作室离市区不远，距离火车站几步路的距离，将Jezz的生活与工作和巴黎市中心的脉动紧密地联系在一起。将自己对20世纪七八十年代盛行的迪斯可文化的理解融入创作风格中，无论是胸章或海报设计，Jezz的作品总是能勾起其他人对于那个美好年代的回忆。

*Design Data
品　牌: Hello Freaks
手创人: Jérome Castro (Jezz)
职　业: 涂鸦师、插画艺术家
网　址: www. hellofreaks.com
哪里买: www. hellofreaks.com

"每个人的灵魂深处都住着一个怪胎！"

无论是个人单打独斗或是和其他设计师共同完成一个项目，Jezz对于创作讲究的是完美的成果与充满乐趣的过程，因此即使被人叫做怪胎他也不在意，他相信每个人体内都有天生的怪胎因子，只是看你掩饰得好不好而已，因此将品牌取名为"Hello Freaks"(哈罗，怪胎)，指的不仅是其他人对于他这个怪胎的称呼，也是他对你我体内怪胎问好的一种方式。

"创作的灵感来自成长的过程。"

出生在上世纪七十年代末期的Jezz表示，从小到大所看的电视节目、连续剧、MTV，以及所阅读的书报杂志、漫画、玩具等对他的创作有很大的影响，也因此他常运用旧杂志上的广告做变化，或是恶搞小时候崇拜的漫画英雄。此外，在色彩运用上，Jezz也特别偏好鲜艳或泛黄的复古色系，就连胸章设计也舍弃常见的塑胶材质，使用在他学生时代流行的金属材料。"其实创作灵感充斥在你我身边，只要抓得住它就会有好作品出现！"

"我知道自己的风格在哪里，即使不断尝试新题材，我还是试着保有自己的特色！"

Jezz的作品近来不断地在各种媒体上曝光，其创作动画更多次参加包括BD4D、Onedotzero与Nemo等重要国际卡漫展，虽然Jezz自称离知名品牌还有一段距离，但就连联合国国际儿童协会在相关出版品中都介绍了如Hello Freaks的创作，这无疑就是对他的一种肯定。虽然Jezz想借由挑战不同题材来增进自己的设计功力，但他仍对于项目的挑选十分谨慎，宁可少做也不要做不好！"有些项目，你也不知道为什么，明明刚开始听起来还不错，但中间可能因为分心或和客户的沟通出了问题，导致最后的作品很糟，所以一定要谨慎。"

*手创人大提问Q&A:💬

你觉得建立自我创作风格最好的方法是什么?

生活里的许多事其实都对建立风格有帮助,学校可以帮你打下基本的底子,提升对艺术史的认知或熟悉绘图软件,但旅行、阅读、观察他人、认识不同的人、分享不同的想法都对于发掘自我与建立风格有帮助。我觉得最重要的是实际参与各种项目,从做中学是最好的方法。

你觉得艺术是?

从前人们认为艺术是表现生活经验与认知最基本的手法,我觉得这种说法现在还是成立。

你喜欢住在巴黎的日子吗?

住在巴黎很棒,这座城市很大,你可以做任何想做的事,也不用担心会有找不到的东西,各种书籍、音乐、餐厅、艺术创作或画廊……应有尽有,但巴黎的物价很贵,无论是旅行、租房子、上夜店都很贵,且到处都是人。但也因此你有更多机会认识各形各色的人。

你每天都吃可颂面包、法国面包和喝咖啡吗?

哈哈!听起来很法国的感觉!你这个问题的确问到我们法国人的生活精髓了,我们甚至可以因此感到骄傲。不过我无法每天都这样吃,因为太不健康啦!我喜欢刚出炉松软的可颂,尤其是星期天早上,此外我也会吃其他种类,在法国我们有许多好吃的面包!咖啡我每天都得喝,不管是工作或下班后,听起来好像喝太多了,但我不抽烟,所以……用喝咖啡代替抽烟应该还可以吧!

What do you think is the best way to build up design style? School? Travel? Read? Or ?

Everything can help. School can be important to learn about the basics in drawing, Art history or software. Traveling and reading, are important too. Meeting people, sharing things, collaborative work... everything can help finding your own way, but I think the biggest thing is "work".

What is design or art for you?

First known art by man was basically a way of expressing and transmitting histories and knowledge. And I think it has been like that through times and is still today.

What do you think about life in Paris ?

Well, living in Paris (or nearby) is nice. It's a big city and so, you can do everything you want and find anything you need, such as books, music, restaurants, art galleries... but it's expensive. Traveling or renting a flat, having a drink...and it's crowded. But you have the opportunity to meet a lot of people.

Do you eat croissant, baguette and drink coffee everyday?

He he, so this is France! But you are right, we have those and somehow I think we can be proud of it. Well, I won't do that every day because it won't be very healthy I guess (at least for croissants). But I like a good croissant sometimes, on Sundays. And I like the bread too. We have many kinds of bread and most of it is really tasty. And of course I drink coffee! Maybe too much but I like drinking a good coffee while working or when having a break. I don't smoke so I guess this is my vice :)

*巴黎私房推荐：🖉

最常出没的地方：

La Maroquinerie、Le Café De La Danse (听演唱会)、卢森堡公园、Parc Floral (夏天时的露天音乐会)、自然历史博物馆、科学城 (看展览)。

最爱逛的市集：

Kyoko(专卖高级日本食材的超市)、TANG FRÈRES(亚洲超市)。

最爱泡的咖啡馆/小酒吧：

Le Dune(常举办艺术展的复合式酒吧)、Le Bon Pêcheur、Chez Prune。

最爱看的画廊/博物馆：

巴黎东京宫、庞毕度中心、Musée Maillol。

最爱买的小店：

Artzart(设计类书籍专卖店)、Artoyz、Gibert(二手与新上市CD、DVD的专卖店)。

Where to find me?

La Maroquinerie (Live music), Le Café De La Danse (live music), Jardin du Luxembourg,parc Floral(live music in summer),Muséum d'Histoire Naturelle (Galerie de l'Evolution),Cité des Sciences(Exhibitions all year long, great for kids).

Favorite market

KYOKO (rue des Petits Champs near Opéra) a Japanese fine food shop,TANG FRÈRES (avenue d'Ivry) asian supermarket.

Favorite café/bar:

le Dune (a bar and also a place for exhibitions graphic artists, photo ... always something to see on the walls), Le Bon Pêcheur (Chatelet), Chez Prune (Quai Valmy).

Favorite gallery/museum:

Le Palais De Tokyo, Centre Pompidou, Musée Maillol (museemaillol.com).

Favorite shop:

Artazart (graphic library) / Artoyz (toys, books, magazines, exhibitions), Gibert (nearby Notre-Dame, Boulevard Saint-Michel is a new + second hand CD & DVD shop).

A | A. B. 朋友送的、自己收集来的……贴满工作室四周墙上的旧海报都是Jezz创作灵感的来源。

B | C   C. Jezz所设计的特色胸章。

活动式关节兔子万万岁

Olive Fakir

巴黎

"惨了，我的吐司！"才刚踏出电梯间就闻到Olive工作室内传来的浓厚烧焦味，因为要去车站接我而完全忘记烤吐司的Olive，就是这样一个生活迷糊，但谈起艺术与创作却丝毫不马虎的人。刚从学校毕业的他早就在巴黎的街头涂鸦界闯出一片天空，在和其他玩涂鸦的伙伴做视觉设计之余，Olive更积极地经营自己的手作公仔品牌。因为父亲工作的关系，Olive在香港当过一年的学生，自认生性害羞的他虽不擅与人客套，但却在比手画脚的情况下，和当地年轻人打成一片，也因而接触了香港超人气的公仔与漫画文化，更和香港的街头涂鸦创作人交流自己在巴黎的经验。虽然时间不长，但东方文化却对Olive的创作造成间接的影响。

*Design Data

品　　牌：LAPIN Q.BIQ

手创人：Oliver Fakir

职　　业：公仔设计师、街头涂鸦艺术家

网　　址：www.myspace.com/lapinqbiq

哪里买：www.myspace.com/lapinqbiq

"想法完整了，就放手做吧！"

"虽然公仔在法国的市场不小，但整体状况不是很稳定，有一定的风险，不过既然脑中已经有完整的想法，那就做吧！"在竞争激烈的市场中，Olive跳出公仔造型的误区，以"再创作"为出发点做设计。"我的兔子有棱有角，所以取名叫Q.BIQ"，以多角造型与其他公仔划出界线，Olive的公仔，手、脚、头部等关节可自由活动，让玩家自己决定Q.BIQ当天的情绪与动作；纯白的外形，则提供给家自由挥洒的空间，设计独一无二的公仔。目前Q.BIQ有7厘米与17厘米两种，虽然Olive已找到合适的厂商代加工制作大尺寸的公仔，但因为材料易碎，小尺寸公仔从开模到后期制作都还是得靠他自己动手。无法量产的Q.BIQ上市后，却因限量发售而引起法国人的收藏热潮。

"考虑到成本，大尺寸模型用纸来创作！"

"因为材料很贵，所以像窗户旁边那种超大尺寸的Q.BIQ是用纸做的啦！"参加展览的Olive为增加会场的互动气氛，想到了让民众与其他参展的设计师一起在超大公仔上涂鸦的点子，看中瓦楞板方便塑型又不贵的优点，Olive开发出Q.BIQ品牌下的另一设计款。"直接在这种尺寸的公仔上喷漆还挺爽的！"不管是妈妈带小孩的随意涂鸦，或是著名涂鸦师的创作，兼具艺术性与独特性的瓦楞板Q.BIQ总是在展期尚未结束就已经被客人预购一空。

"只要是好笑的东西都是刺激我创作的源泉。"

除了Q.BIQ外，Olive与其他做插画与涂鸦的朋友合组了一个叫LNR的设计团队，专攻视觉设计、电脑构图的工作。从T恤、海报到商品设计，Olive充满个性与无厘头的独特风格，成功地抓住了年轻人的喜好。

A | B | C | D   A. B. 从姓氏衍生出的Logo，从瓢虫身上隐约可看到Fakir的F字样。
C. D. 在Olive的工作室中，无论是构图用的电脑桌或是制作公仔用的工作台全都被心爱的公仔所围绕着！

*手创人大提问Q&A：

你创作时有什么特殊需求或怪癖吗？

喝很多咖啡和"吃"一大叠的纸。

你觉得街头涂鸦是？

它让我随时随地都能够展现自己的内心世界与想法。

你觉得住在巴黎的日子怎么样？

我觉得巴黎对设计师或艺术家来说是个充满机会的城市，不管是寻找灵感或是买家，但巴黎人却拥有极度封闭的内心世界，以及难以沟通的性格。

你平常都怎样放松自己呢？

画画、跑Party、参加演唱会或是看展览。

你每天都吃可颂面包、法国面包和喝咖啡吗？

咖啡我每天都得喝，松软的可颂对目前的我来说是不可多求的奢侈品。

Is there any must do things when you are working? (such like drinking lots of coffee, listen to certain style of music, play with pets...etc.)

Drinking a lot of coffee, and "eat" a lot of paper!

What is graffiti for you?

The freedom to make exhibitions of my work and to express myself.

What do you think about life in Paris?

It's an opportunity, especially for artists, because Paris is a very important artistic center of art mindel. But people here are close and they don't easily exchange and go towards people.

What do you usually do to relax yourself and for fun?

Drawing, party, concerts, exhibitions...

Do you eat croissant, baguette and drink coffee every day?

Drink coffee every day, yes, but a good croissant is a luxury product nowadays! lol!

*巴黎私房推荐：

最爱泡的咖啡馆/小酒馆：

Le Spoutnik。

最爱看的艺廊/博物馆：

庞毕度中心。

最爱买的小店：

Artoys。

Favorite café and bar:

Le Spoutnik.

Favorite gallery/museum:

Le cenre Pompidou.

Favorite shop?

Artoys.

| A

B |

A. 其他涂鸦艺术师在Olive个展上的创作。

B. 从早期到现在Olive收集的自己不同时期的公仔作品。

巴黎

柔和可爱的动物文具杂货
Caroline Diaz & Celine Heno

　　原本以为红到国外的牌子放在这里介绍会害Mini Labo降格，但负责行政公关事宜的Sophie却说："你想太多啦！我们整个工作室也只有三个人啊！"由她与设计师Caroline、Celine共同建立的这个品牌，其实成立还不到五年，但却因为柔和的色彩与温馨逗趣的角色赢得巴黎人的喜爱，许多住在当地的日本人不仅是Mini Labo的粉丝，更将其引进日本，让家乡的朋友也买得到Celine和Caroline的可爱设计。

Caroline

Celine

Sophie

*Design Data
品　牌：Mini Labo
手创人：Caroline Diaz 和Celine Heno
职　业：插画设计师
网　址：http://minilabo.fr
哪里买：French Touche、Bonton、Nosobig等店，以及法国其他城市与日本、美国

"Celine和我早在学生时代就认识对方喽!"

同样在巴黎的Duperre艺术学校就读,曾在校园里打过照面的Caroline与Celine在毕业后,又在Minicat's的童装部门共事,做同事十年后交情深厚的两人决定自立门户,并以能够代表两人小小想像空间的Mini Labo为名,开始在创意市集上出售印着两人创作角色的包包、童装。在遇上Mini Labo的头号粉丝Sophie之后,Caroline与Celine的创意开始有人管理,除了亲手制作的不同玩偶与提包外,Mini Labo也正式与其他文具、杂货品牌合作,推出相关商品,并迅速在巴黎窜红。

"在我们创作的角色中,你应该看得出我们是受谁的影响吧。"

四月兔、微笑猫与其他出现在Celine与Caroline笔下的角色,都是从《爱丽丝梦游仙境》中找到的灵感,而带点科幻色彩的小异形则是以电影《ET》为创作模板。两人将这些可爱的角色融入沙滩、田园、外太空或是巴黎街景中,通过这些角色抒发她们所热爱的各种事物。"就连Celine的儿子也常常带给我们不少创意呢!"

"Celine和我的创作历程其实就像打乒乓球一样。"

设计师通常都很主观,因此两人以上的设计团队通常都不太长寿,但Celine与Caroline一路走来却能够合作无间,主要还是因为两人在专业上各执一方,专攻织品设计的Caroline与专长电脑插图的Celine,总是能够以不同的角度对彼此的设计做出最客观的评论,而找出最切合Mini Labo品牌特色的设计。"我们需要对方的专业建议,有时候Celine在我的设计中所加的小东西可是会有画龙点睛的效果呢!"

| A   A. 各式逗趣的胸章设计。
B | C   B. Mini Labo创作笔记本系列中最畅销的一款:巴黎小两口。
          C. Mini Labo与糖果品牌联手推出的限量糖果小提箱。

*手创人大提问Q&A：

你们有没有想过放弃设计或创作？

　　Caroline:我从来没问过自己这样的问题，对我来说从学生到工作，再到成立Mini Labo，一切都自然而然地就发生了，没什么好犹豫的……虽然以前艺术学院的几个教授曾经让我小怀疑了一下啦……哈哈。

　　Celine：在创作或设计之外我也没什么其他选择，不过我认为创作和设计是两码子事就是了。

你们觉得设计是？

　　我们两个认为设计是发挥创意、意志力与梦想的一种手法，更是所有的生命热情！

你们下班后都怎样放松自己呢？

　　Celine喜欢听音乐和散步，Sophine得要参加合唱团的排练，我则喜欢打毛线，不过周末的时间我们一定留给家人，我们都各自有两个小孩哟！

你们觉得住在巴黎的生活如何呢？

　　Sophie和我住在圣马丁运河那一带，平常我们都骑脚踏车来上班，很悠闲吧！Celine则在郊区有栋很漂亮的房子和花园！

你们每天都吃可颂面包、法国面包和喝咖啡吗？

　　我们都是喝茶一族啦！Sophie甚至还为了柑橘茶而放弃她喝了大半生的咖啡呢。吃可颂是最近才开始的事，因为新来的工读生Cleo每天早上都会帮我们带一些好吃的可颂过来，真是太棒了！

Have you ever thought about give up designing or creating?

Caroline: I never ask myself this question, everything was a logical enchainement: studies, works, creations of Mini Labo. I was always the family artist and I never doubt it! Except at the art school where some teachers made me doubt sometimes!

Celine: For me there is no other choice. But what you do in creation or design is another story.

What is design for you?

It is a very pleasant way to express our dreams, wills and ideas. It's our passion!

What do you usually do to relax yourself and for fun?

Celine likes walking and listening to music, Sophie need to sing Gospel in choir and I like knitting. But weekends is family day for us, every of us have 2 kids.

What do you think about living in Paris?

Sophie and I live in the same neighborhood near Canal Saint-Martin. We are both riding bicycle to get to Mini Labo. Celine lives in the suburb and in a beautiful house with garden!

Do you eat croissant, baguette and drink coffee every day?

We are tea drinkers. Even Sophie gave up coffee for orange tea!Recently our trainee, Cleo,brings us some croissants in the morning! It is so nice!

*巴黎私房推荐: ✎

最常出没的地方:
　　玛黑区,以及共和广场到巴士底广场那一带。

最爱逛的市集:
　　Boulevard Richard Lenoir那条街上的市集

最爱泡的咖啡馆/小酒馆:
　　Le Cannibale。

最爱看的画廊/博物馆:
　　Beaubourg Museum of Modern Arts。

最爱买的小店:
　　Le Bon Marché。

Where to find us:
Between place de la République and place de la Bastille, and Le Marais.

Favorite market:
Boulevard Richard Lenoir.

Favorite café and bar:
Le Cannibale.

Favorite gallery/museum:
Beaubourg Museum of Modern Arts.

Favorite shop:
Le Bon Marché.

A | C | D
　 | B

A. 圣诞节限量发售的手工吊饰,挂在窗台或圣诞树上都超有感觉呢!

B. Mini Labo目前唯一的毛线公仔"Simon"。

C. D. Mini Labo为服饰品牌设计的拼布提袋。

巴黎

小刺猬迷恋者的童话创作
Calmel Charlotte

　　这么多年来每次到巴黎，都忍不住钻进贩卖杂货或文具的小店里寻宝，Hérisson是我在Happy Shopping这个创意市集上找到的手创品牌，一字排开的各式商品从大小卡片到便条纸或童装、包包……发展成熟的商品线很难让人想像这样的品牌还需要靠跑市集来招揽人气。之后循线找到了Hérisson的小窝，不到40平方米的小店里摆满了设计师Calmel的创作，以及其他手创人为Calmel设计的刺猬造型相关杂货，琳琅满目的商品叫人目不暇给。很难想像看起来极为精明干练的Calmel看到小刺猬时的疯狂模样，但她却因为这无法解释的痴迷而将设计精力都给了Hérisson。

*Design Data

品　　牌: Hérisson
手创人: Calmel Charlotte
职　　业: 图像设计师
网　　址: www.herisson-creation.com
哪里买: Herisson、Le Bon Marché，以及比利时、瑞士等国

"我就是喜欢小刺猬傻傻呆呆的模样啊！"

在国内极少出现在卡通或漫画中的刺猬，却在法国有一群忠实的支持者，Calmel就是其中一员，从小时候第一次在故事书上看到Q版的小刺猬开始，Calmel便不断地搜集与刺猬相关的造型商品，无论尺寸大小，无论写实版还是卡通版，也不管是画在杯子上或是塑胶公仔，只要是以刺猬为主题的创作(有时甚至是俗不可耐的旅游纪念商品)，全都被Calmel纳为重要收藏品。

在他们的陪伴下，我的第一只Hérisson创作诞生于2005年的某一个早晨。"

工作室旁的书架上堆满了Calmel珍藏的刺猬宝贝们，看着他们Calmel想没有创作灵感都很难！既然是针对刺猬所做的相关创作，Calmel干脆就将品牌取名为Hérisson(刺猬的法文名)，让人一听就能抓住她的主题，且以法文发音的品牌名，浓浓的鼻音更讨人喜欢！"小刺猬并不寂寞，因为他还有爸爸、妈妈，以及最要好的朋友小浣熊与他的家人。" Calmel的想像世界里每天都有不同的故事上演：小刺猬与女友在槲寄生树枝下的圣诞之吻、在巴黎铁塔前的烛光晚餐，或是欢欣鼓舞地迎接刚出生的小妹妹……每个开心的时刻全都被Calmel记录在各种卡片、明信片或是便条纸创作中，甚至小浣熊与小刺猬上课时的景象也都被画在笔记本上，为巴黎人的课堂生活带来更多童趣。除各式纸品创作外，Calmel也和当地的服装设计师合作，设计出一系列婴儿服与童装，丰富的色彩加上舒适的料子，让Hérisson的服装创作成为巴黎时尚爸妈眼中的抢手货。

"每当想到一个新点子时，我会马上着手去做，一旦开始进行我便很难喊停！"

当品牌开始成长后，要如何推陈出新却又保持设计风格，是每个手创人在品牌拓展时必定会遭遇到的关卡，面对在短短一两年内迅速发展的Hérisson，Calmel召集了一群在制作、行销等方面拥有专长的创意人，一同进行设计工作，但主要角色创作的大任还是掌握在自己手上，不但完整地保存Hérisson的一贯风格，也让Calmel有更多的时间投注在设计上。

*手创人大提问Q&A：🗨

你觉得设计是什么？

　　设计对我而言是一种艺术，也是一种时尚潮流。

你平常都怎样放松自己呢？

　　看电视和购物。

那你周末会特别做些什么吗？

　　工作工作……无止尽的工作，同时还要照顾我儿子。

你喜欢在巴黎的生活吗？

　　我觉得很赞，但太贵了！！！

你每天都吃可颂面包、法国面包和喝咖啡吗？

　　法国面包是我每天必备的食物之一，咖啡和可颂则是偶尔吃吃。

What is design for you?

An art, a fashion tendancy.

What do you usually do to relax yourself and for fun?

Watching TV series, shopping.

What do you usually do on weekends and after work?

work work work, too much! And take care of my son.

What do you think about living in Paris?

Great but expensive!

Do you eat croissant, baguette and drink coffee every day?

Baguette, yes! coffee and croissant, sometimes.

A | B
C | D

A. 刚出生的刺猬妹妹，超可爱！

B. 粉嫩色彩的Hérisson化妆镜一举掳获大小女生的心。

C. 印着小刺猬家人合照的粉嫩T恤，非常可爱！

D. Hérisson店中造型逗趣的动物布偶，开朗单纯的表情十分讨人喜欢。

*巴黎私房推荐：

最常出没的地方：
　　圣杰曼德佩区。

最爱逛的市集：
　　我家附近的La Motte Picquet。

最爱泡的咖啡馆/小酒馆：
　　Café Ruc。

最爱看的艺廊/博物馆：
　　卢浮宫。

最爱买的小店：
　　Zadig et Voltaire、Agnes b、Le Bon Marché。

Where to find me：
Saint-Germain des Près.

Favorite market：
La Motte Picquet near my apartment.

Favorite café and bar：
Café Ruc.

Favorite gallery/museum：
Louvres.

Favorite shop：
Zadig et Voltaire, Agnes b, Le Bon Marché.

A│B　A. 可换冬装、夏装的小刺猬玩偶。

C│　　B. 记账、记生日……所有大小事都写到Hérisson小笔记本中吧！

　　　　C. 让可爱的小刺猬便条纸，提醒你每个重要的约会。

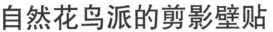

自然花鸟派的剪影壁贴
Marie-Astrid Joucla & Marion Hasle

除了粉刷与贴壁纸外，最近的法国年轻人还喜欢用旧海报、明信片或喷漆彩绘的方式装点房间墙面，Marion和Marie看准新兴消费市场求新求变的喜好，结合两人在摄影与绘画上的专业技巧，推出一系列玩弄文字与各种字形的大型贴纸，可重复粘贴的设计无论是用在墙面或小物件上都很有一番风味。Marie和Marion新搬的工作室中虽然还堆着许多未拆封的纸箱，但墙上早就贴上两人的各式贴纸设计，无论是天使、小鸟、蝴蝶或幽默的法文字句，全都让原本无聊的墙面增添一股风雅。

*Design Data

品　牌：L'atelier Des Pieds Des Ailes
手创人：Marie-Astrid Joucla / Marion Hasle
职　业：视觉设计师
网　址：http://dpdacreations.canalblog.com
哪里买：Boutique Serendipity、Boutique Lillibulle、Boutique Happy Garden、Boutique Loulou Addict、Boutique 3 par 5、Boutique Le Poussette café、Boutique By les Fourmis Rouges、Boutique Tiphaine、Boutique Désordre urbain，以及其他法国城市

"打从十三岁起我和Marion就认识了，我们会写信给彼此，为对方带来惊喜。"

虽然从小就结识了对方，但Marie和Marion却一直到最近几年才开始共同创作，在这之前专攻绘画的Marie住在由其他创意人共同成立的艺术村中，因而有机会与文人、音乐家、摄影师等交流创作概念与想法；对摄影有兴趣的Marion则是通过旅行在各地进修相关课程，在与新朋友的交流中，找出物体的最佳表现手法，以及色彩、对比、光度的掌握。

"在不断参加展览的过程中，我们得以自我磨炼与提升。"

由当地杂志所主办的创作竞赛将Marie与Marion带回彼此身边，首次合作的愉快经历，让她俩兴起共同经营品牌的想法，终于在2006年通过L' atelier Des Pieds Des Ailes连结起两人的小宇宙。"我们串联起生活中看似平凡的小事物，提醒人们生命的美好与生活里的感动！"

"因为喜欢用文字与自然花草为题材，所以贴纸成了我们眼中最好的创作素材。"

看中贴纸好撕易贴的特性，Marie与Marion将一般被用作展览或Party演唱会宣传工具的贴纸运用在设计中，结合各自手绘与摄影的专业，以单色的剪影设计，让消费者发挥DIY的精神，打造出最具个人风味的墙面，不少有心的客人还会把买回家的贴纸创意拍照寄给两人留念呢！"天使对我们来说是纯洁的象征，也是偶尔会耍小手段的淘气鬼。"Marie与Marion将天使角色化后，运用在明信片等文具创作上，而从天使所联想出的其他几何图形与花草鸟兽，则为其贴纸系列带来一抹自然风味。除了在图形上发挥想像色彩外，Marie与Marion从排列不同字词的文字游戏中，设计出语意双关又极富幽默色彩的文字贴纸系列，通过不同字形与流线走向，为现代人的居家生活带来无限乐趣。除继续发展装饰用贴纸外，Marie与Marion也积极地开发新产品，希望在与其他设计师的合作下，将创意与风格运用在橱窗或舞台设计上。"贴纸的可塑性很强，除了运用在室内装潢外，我们相信还有更大的发挥空间。"

 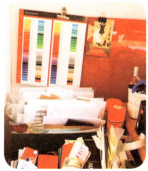 

*手创人大提问Q&A：

你们觉得对于设计师来说什么是最重要的事？

随时保持对新事物的敏感度，坚持好的生活概念，以及随时充满热情与好奇心！

设计对你们而言是什么？

设计就像是将诗篇带进烦闷的每日新闻中，将我们对文字与法文的热爱与众人分享。

你们觉得巴黎的生活如何？

太拥挤了，但是很棒！

你们平常都如何纾解压力呢？

看一场好的展览、骑骑自行车、喝杯好酒或是遇到不错的聊天对象，都能让我们感到很放松。

你们每天都吃可颂面包、法国面包与喝咖啡吗？

没错……而且是喝大量的咖啡。可颂和法国面包我们偶尔会搭配奶酪一起吃。

As a designer, what do you think is the most important thing?

The creative renewing and the constancy to a concept about life, a creative mind. To be able to be enthusiastic, to be curious.

What is design for you?

In our case, it is the means of distilling a little poetry to the daily newspaper, to share our love of the words and the French language.

What do you think about living in Paris?

Crowded but good.

What do you usually do to relax yourself and for fun?

A good exhibition, a bicycle trip and a good glass of red wine, good discussions.

Do you eat croissant, baguette and drink coffee every day?

Yes! We drink too much coffee And from time to time the pleasure of a nice croissant or a good baguette with cheese.

A | B | C

A. Marie为Marion所画的Q版全家福。

B. 小型的防水贴纸也可以拿来装点日常生活小物件哟！

C. 短短几分钟，平凡的玻璃花瓶立刻通过创作贴纸大变身。

*巴黎私房推荐: ✎

你们平常都在哪一带出没?

　　Belleville广场、巴士底广场和Rue Oberkampf。

最爱进的市集:

　　d'Aligre 、Belleville 与d'Ornano的露天市集。

最爱泡的咖啡馆/小酒馆:

　　Le Cannibale 、Le café des sportsck和La charlotte de l'Isle。

最爱看的画廊/博物馆:

　　大小皇宫、庞毕度中心、奥塞美术馆、摄影美术馆与La Galerie du Jeu de Paumes和La Galerie Kamel Menour。

最爱买的小店:

　　Epicerie Velan、Marché St Pierre、Compagnie Française de l'Orient et de la Chine和Coopérative Latte Cisternino。

Where to find us:

Quartier Belleville/Menilmontant, Bastille, and Rue Oberkampf.

Favorite market:

Market d'Aligre, the market of Belleville and d'Ornano.

Favorite café and bar:

Le Cannibale,Le café des sportsck and La charlotte de l'Isle.

Favorite gallery/museum:

Le Petit Palais, Le Grand Palais, La Galerie du Jeu de Paumes, La Galerie Kamel Menour, Le Centre Georges Pompidou, Le musée d'Orsay, La Maison européenne de la photographie...

Favorite shop:

Epicerie Velan,Marché St Pierre,Compagnie Française de l'Orient et de la Chine,Coopérative Latte CisterninoZadig et Voltaire, Agnes b, Le Bon Marché.

个性丑娃的冒险故事

Sabrinah

巴黎

为了帮瑞士友人的侄女挑生日礼物而在网络上看到Tonkipu的设计，当下反应就是"太劲爆了吧"！网页上设计师Sabrinah一家人装扮成彩色蒙面侠的照片，一反其他童装品牌的温馨欢乐形象，却因而给人留下深刻的印象。与Sabrinah碰面是在巴黎市区她所举办的私人创意市集上，参加过不同国家的创意市集，像这样隐身在民宅中，得要循着特殊指示牌才能到达的市集，我倒是头一次遇到。终于见到Sabrinah庐山真面目的那一刻，我很想笑，因为她真的超级有活力，当她的小孩应该很过瘾吧！将自己人来疯的开朗个性融入创作中，Tonkipu的系列商品总是有股让人看了就开心的魔力！

*Design Data

品　牌：Tonkipu
设计师：Sabrinah
职　业：杂货设计师、专职母亲
网　址：http://www.tonkipu.canalblog.com/
哪里买：Court Circuit、Maison&Objet、Playtime、T-Mode、Desfillesenaiguille

"我的大儿子Marius可是Tonkipu的背后推手哟！"

爱做手工的Sabrinah在生了第一胎后开始积极地帮家中的小朋友缝东缝西，其中一只随便设计的手缝玩偶深得大儿子的喜爱，走到哪里都要带在身边，即使娃娃都变脏发臭了，也不让人清洗，Sabrinah的邻居朋友们便故意取笑Marius，"你看，那么脏的娃娃是你的啦！只有你的娃娃才这么臭！""Ton·Kipu(你的娃娃)"这个名字因而在Sabrinah的亲友之间传开。后来当Sabrinah提出要自创品牌时，大儿子Marius便提议取名为充满童趣"Tonkipu"。

"Tonkipu讲的是Tonkipu和她妈妈的冒险故事。"

从拼布玩偶开始，几年来Sabrinah在纸上画出许多Tonkipu在旅途中所认识的朋友，再运用拼布技巧连结起印花布、漆皮、毛线、纽扣等不同素材，赋予创作角色真实的生命。不论是中型拼布抱娃或是运用在吊饰钥匙环上的小娃娃，Sabrinah想出的各种角色都丑得很有个性，叫人看过难忘。"我喜欢挑战一般人所谓的坏品位！"

"每天看两个儿子打打闹闹，灵感就源源不绝地涌现！"

身兼母亲与手创人的角色，Sabrinah把工作看成是生活的一部分，并将生活中的种种带进设计工作中，除玩偶外，还发展出童装、文具用品等杂货。"我儿子生活中缺什么我就做什么，这就是手创人的好处！"通过网络与口耳相传，Tonkipu在法语市场的知名度越来越高，此外，Sabrinah也与各地的手创妈妈成立The Reze100fils这个组织，定期地以创意市集的方式在法国各城市巡回，利用会员电子报与博客的低调宣传，吸引一大票忠实的妈妈消费群。"其实我们都是以办市集为借口，把小孩丢给老公，然后趁机到各地去旅行，并交流创作概念啦！"

*手创人大提问Q&A: 💬

你工作的时候有什么怪癖或特殊需求吗?

　　我会一边让电脑随机播放shantel、pixies、rage against the machine、stupeflip和ben harpe的歌,一边嚼口香糖。

你平常都怎样放松自己呢?

　　我超爱看法式拳击!也喜欢和朋友去吃饭喝酒,并一起吃Raclette(瑞士的一种煎刮芝士)。

你每天都吃可颂面包、法国面包和喝咖啡吗?

　　每天早上我都想吃刚出炉的法国面包,但面包店离我家太远啦,所以我只好喝杯果汁,吃点其他面包将就一下。

What's the must do thing, when you are working on designing?

I got a list which plays a loop on my computer with those songs of shantel, Pixies, rage against the machine, stupeflip and ben harper. At the same time I am chewing chewing gum.

What do you usually do for fun?

I love French boxing! And drink with my friends... while eating raclette.

Do you eat croissant, baguette, and drink coffee every day?

I would like to eat baguette every morning but the bakery is too far! So orange juice and other breads.

A | B | C
D | E

A. B. 谁说毛帽不能搞怪?亮片加抢眼的毛毡布让保暖的毛帽成了超人面具的最佳装扮!

C. Tonkipu冒险故事中的众多好友。

D. "RRR...(啊啊啊~~)" Tonkipu和妈妈冒险历程中抓狂大叫的字句也爬上了Sabrinah设计的文具图样中。

E. Tonkipu和妈妈唯一的纪念合照。

*巴黎私房推荐:

最爱泡的咖啡馆/小酒吧:

　　每次到巴黎的时候我都会去l'Improviste、l' Art Brut café和Le Quincampe。

最爱看的画廊/博物馆:

　　我心目中的首选绝对是庞毕度中心，某些我在散步时无意间发现的小画廊也不错。

最爱买的小店:

　　Super Heros和Beaubourg的书店。

Favorite cafe/bar:

I go to bars...l' Improviste,l' Art Brut Café and Le Quincampe.

Favorite gallery/museum:

Beubourg of course... and the galleries I find accidentally when I walk around.

Favorite shop:

Super Heros and Bookstore Beaubourg.

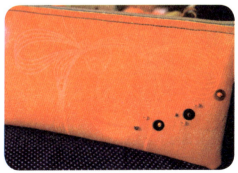

| A

C | B

A. 怀旧又爱搞笑的妈妈手创人Sabrinah。

B. 亮眼的色泽加些亮片点缀，就成了Tonkipu最抢手的皮革笔袋。

C. 综合各种皮革、塑料、印花布、纽扣与毛线打造出各形各色的奇幻人物。

东欧风情的妈妈宝宝杂货

Prélat Séverine & Chevallereau Alexandra

地道的法国设计师却拿东欧的俄罗斯娃娃大搞创意把戏，这是 Georges & Rosalie 最初吸引我的原因，后来因为在创意市集上常遇到她们，熟了之后常听她们聊当初从相识到合伙的经过，不知为何很羡慕她们能遇到彼此，并让对方的生命发光发热。Alexandra 有着一双会让很多男人心动的古典电眼，是典型的疗伤型美人，而她的温文细致与充满活力冲劲的 Séverine 正好互补，成了创业路上的绝佳拍档。主打婴儿与怀孕妈妈设计用品的 Georges & Rosalie，不仅是两人深厚交情的见证，更因为特殊的拼布设计与绝佳质感，在巴黎准妈妈圈子里享有盛名。

*Design Data

品　　牌: Georges & Rosalie

手创人: Prélat Séverine & Chevallereau Alexandra

职　　业: 织品与杂货设计师

网　　址: http://georgesetrosalie.canalblog.com/

哪里买: LE BON MARCHE、LE CIRQUE A PUCES、SAINT CHARLES DE ROSE、C' EST MA CHAMBRE、HAPPY GARDEN、LA TROISIEME PLACE、NOTSOBIG、FRENCH TOUCHE、LES FLEURS、LA PENDERIE、LA COCCIGURE、HERISSON、ART A MISS、ASTIE CO、CAOUTCHOUC、以及纽约、东京、阿姆斯特丹、卢森堡、Gent、日内瓦等地。

"在艺术学校的时候我们就是好朋友了呢！"

学生时代结下的情缘，让Séverine与Alexandra珍惜不已，即使毕业后Séverine在珠宝工作室做设计师，Alexandra则是在红磨坊为舞者打点服装造型，两人私下的往来仍旧十分频繁。由于都是马戏团表演的爱好者，在工作一阵子后，热爱吉普赛人自由生活方式的Séverine与Alexandra终于决定辞去手头上的工作，拿出彼此的专长成立了Georges & Rosalie这个品牌。

"Georges是这只小狗的名字，Rosalie指的则是这个俄罗斯娃娃！"

对戏剧与民间故事着迷的Séverine与Alexandra，对于东欧每个家庭必备的俄罗斯娃娃特别心动，"你不觉得这个娃娃背后藏着许多故事可说吗？"看中俄罗斯娃娃与地方文化的紧密联结， Séverine与Alexandra便以其为创作中心。Rosalie在马戏团的吉卜赛占卜师拖车旁认识的小狗George则成了她旅途上的重要伙伴，和其他可爱的小动物一起构建出Séverine与Alexandra的美丽创作世界。

"我是从邻居那边学会怎么做拼布艺术的哟！"

从小就爱做手工的Alexandra，十四岁时初次接触拼布创作，从那之后她便无法自拔地爱上这项传统技艺，并加入自己的创意设计，将拼布与服装、配件结合起来。"做拼布创作最重要的是如何将印花布上的图案与商品造型结合起来，在两种不同的印花间找到平衡点，产生绝妙交融。"就像作品图案的完美呈现，由Alexandra制作出的拼布小玩偶在Séverine巧妙的连结下，无论是装饰墙面、门把的吊饰，或是书套、宝宝睡袋等杂货都极具风雅特色。"颜色、图案与质料是我们设计的重点，希望在带给妈妈与宝宝生活便利之余，更有绝佳的视觉享受！"

*手创人大提问Q&A：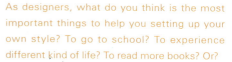

你觉得建立起设计风格最好的方式是什么？

学校或进修绝对是打下设计基础的重要方法，但是光是课堂上学到的东西绝对不够，要建立起风格最好的办法，还是多累积实战经验，例如参展或是不间断的创作。

你们也收集其他设计师的作品吗？

我们喜欢收集各种小东西，例如公仔或丑娃，Pakhuis Oost就是我们挺爱的设计品牌之一。

你们喜欢住在巴黎的生活吗？

巴黎是座很美的城市，充满着文化与艺术气息，对我们来说是发展自有品牌的理想城市。

你们平常都怎样放松自己呢？

我们会定期去看戏剧或马戏表演，尤其是Espace Chapiteaux de la Vilette极富现代感的马戏表演，或是去逛跳蚤市场、和朋友小酌两杯。

你们每天都吃可颂面包、法国面包和喝咖啡吗？

大部分时候我们只喝茶，可颂面包……其实我们很少吃耶。

As designers, what do you think is the most important things to help you setting up your own style? To go to school? To experience different kind of life? To read more books? Or?

The school is a good base, but that's not enough. The professional experiences are very important, they can enrich you.

Do you also collect other designers' products? Who's your favorite designer/ brand?

We like to collect objects, like art toys and we like brands like Pakhuis Oost...

What do you think about living in Paris?

Paris is a very beautiful city, rich culturaly, and artisticly. It's for us also an ideal city for the development of Georges & Rosalieds, Misericordia for fashion...

What do you usually do to relax yourselves and for fun?

We go regularly to the Circus, to see the spectacles of the contemporary circus (at Espace Chapiteau de la Vilette). On the weekends we go to fleamarkets quite often, and after work we sometimes go eating in a restaurant or going out to drink with friends.

Do you eat croissant, baguette and drink coffee every day?

We mostly drink tea! and very rarely eat croissants!

A | B
C | D

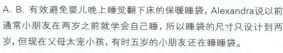

A. B. 有效避免婴儿晚上睡觉翻下床的保暖睡袋，Alexandra说以前通常小朋友在两岁之前就学会自己睡，所以睡袋的尺寸只设计到两岁，但现在父母太宠小孩，有时五岁的小朋友还在睡睡袋。

C. 串起拼布玩偶做成的手工吊饰，为整体环境添增温馨氛围。

D. Séverine与Alexandra将她们对俄罗斯娃娃的热爱融入插画与拼布创作中。

*巴黎私房推荐: ✎

最常出没的地方:
　　玛黑区、巴士底、Oberkampf和Brady。
最爱逛的市集:
　　Le Marché D'Aligre、Le Marché Bio De Raspail。
最爱泡的咖啡馆/小酒馆:
　　La Mercerie、Le Cannibale、La Petie Porte。
最爱看的博物馆/美术馆:
　　庞毕度中心、吉美亚洲艺术博物馆。
最爱买的小店:
　　Les Fleurs。

Where to find me?

We go for a walk in the east of Paris, in le Marais, in the area de la Bastille, and also Rue Oberkampf, Passage Brady.

Favorite market :

Le Marché D'Aligre, Le marché Bio de Raspail, Le marché aux fleurs quai de la Megisserie.

Favorite café and bar:

La Mercerie rue Oberkampf, le Cannibale rue du Moulin Joly, La petite Porte boulevard St Martin.

Favorite gallery/museum:

Le centre Georges Pompidou, Le musée Guimet.

Favorite shop:

Les Fleurs.

A | 　A. 名叫Georges的小狗与名叫
B | 　Rosalie的俄罗斯娃娃。
C | 　B. 拼布书套不仅保护书本封面,
D | 　更为阅读带来额外的乐趣。
　　C. D. 双面具有不同色彩与表情
　　的拼布玩偶。

巴黎

色彩斑斓的纸品设计
Fifi

Fifi的工作室就在自家后花园里，坐落于巴黎郊区一座森林公园旁的地理位置，让人有种桃花源的错觉。以小庭院隔开的两栋白色矮建筑物，分别是带着浓厚地中海气息的住家与充满田园气氛的工作室，挑高设计的空间里弥漫着一股闲适的气息，Fifi最爱让自己沉浸在这样的环境里创作。Fifi运用鲜活的色彩让简单的图形更为抢眼，从纸卡创作起家，身为巴黎资深手创人的她早已将创意延伸到文具、小饰品、壁纸与织品上，丰富的内容让Fifi Mandirac这个牌子一路从巴黎红到日本等其他国家。

*Design Data
品　牌: Fifi Mandirac
手创人: Fifi
职　业: 图像设计、文具设计
网　址: www.fifimandirac.com
哪里买: Laetitia Duarte、Les Verdines、i Bulle、Lundi Fleuri、Les Bucoliques、Mes Habits Cheris、Suzanne Ermann、Meilleurs Preoms、Princesse Thalia

"因为我喜欢花花的鲜艳设计，所以我的纸卡也很花啊！"

Fifi在2000年成立品牌时，大胆采用艳丽色彩，在当时巴黎处处追求粉嫩或低调色系的设计界中算是特立独行，虽然有点逆向操作，但Fifi仍旧坚持自己的个人喜好，并发展出一套风格出来，"我实在无法迎合市场去做自己不爱的东西！"在不确定市场反应的情况下，Fifi先从少量的生日卡与结婚贺卡着手，但没想到实在太受欢迎，无法天天过生日与结婚的顾客纷纷要求她扩大设计内容，Fifi因而放开自己的创意思路，发展出例如许愿火柴盒、彩色纸烛台等各种意想不到的特殊纸品创作。"我当初真的没想到会挖掘出巴黎人对鲜艳色彩的特殊喜好耶！"

"对于学校生活我一向心存感激！"

Fifi来自一个热爱艺术的家庭，从小随着父母四处逛博物馆与画廊的她，选择了进入艺术学院就读，五年的校园生活为她打下扎实的基本功，毕业后通过旅行充实见闻的Fifi将视觉设计的专长，结合童年的美好回忆与日常生活的点滴感动，塑造出自己的创作风格。

"我讨厌高科技的生活，冰冰冷冷的一点感情都没有！"

喜欢老房子浓厚的历史感，喜欢大自然予人的温暖感触，Fifi是那种没有安全感，或在不喜欢的场所工作，便一定没灵感的艺术型设计师，"我知道如果工作时不高兴的话，我的坏情绪一定会通过作品传染给其他人，所以我总是让自己在最开心的状态下创作。"

*手创人大提问Q&A:

你觉得培养出设计师风格最好的方法是什么?

　　风格的建立来自很多东西的点滴累积,重要的是对身边的事物保持开放的态度,多观察周遭环境。

你觉得这里的生活对你的创作产生怎样的影响呢?

　　我的童年主要在北法与南法间度过,但因为爷爷奶奶住在巴黎的关系,所以我对巴黎很熟。我很喜欢住在巴黎的日子,但因为我需要大一点的空间,且我想要接近大自然,所以才搬到有花园的这间大房子里。离市中心不到15分钟的路程,所以我的作息和之前没啥两样,但我可以在到车站的途中去公园散散步。

你觉得设计是?

　　设计是种思考模式,连结视觉美感与功能性。

你平常都怎样放松自己呢?

　　看书、旅行、逛街、在家开Party、陪我一岁大的女儿(苏西)玩或是和我老公上餐厅约会。我也喜欢在花园里发呆……但很少有空可以这么做。

你每天都吃可颂面包、法国面包和喝咖啡吗?

　　我每天早餐都要吃法国面包夹果酱,再搭配一杯热茶,这是我每天最期待的一餐!

What do you think is the best way to build up design style?

A little of everything. I think it's important to be aware of the world around us, to be able to feel what we call in French "l'air du temps".

What do you think about living in Paris?

I grew up between Burgundy, and Tarn but since my grand-parents (parents of my dad) lived in Paris, I knew Paris very well. I remember visiting Paris every year with my grandmother who knew everything about Paris. I love the life here a lot. But I miss space and the possibility of being outside. So we moved in a house with a garden. We are now in Saint Denis, but it is so close to Paris, that I didn't change my routine. Except that now I walk through a nice park on the way to the subway...

What is design for you?

It is a way of thinking. It is the alchemy with usefulness and beauty.

What do you usually do to relax yourself and for fun?

I like to read, to travel, to spend time with my one year old daughter Susie, to go to the restaurant with my husband, I like to be in my garden, to go shopping, to plan party at home and also like to do nothing, but it doesn't happen very often...

Do you eat croissant, baguette and drink coffee every day?

I have tea, baguette with butter and jam every morning for breakfast. This is my favorite meal!

　　　　　　　| A
B | C

A. 如同拼布艺术般将不同色块重新组合而成的纸卡创作。
B. Fifi人物插图创作系列中的东方娃娃造型。
C. 色彩鲜艳的磁铁创作。

*巴黎私房推荐：✏

最常出没的地方：

巴黎的东部，从玛黑区发，穿过圣杰曼德佩与Ile St Louis，最后抵达西堤岛，这是我最爱的散步路线。

最爱逛的市集：

Le marché d'Aligre。

最爱泡的咖啡馆/小酒馆：

Le bar de la Jarente 和Place du Marché Ste Catherine。

最爱看的博物馆/美术馆：

巴黎装饰艺术博物馆。

最爱买的小店：

太多了！买衣服的话我推荐Isabel Marant 或 Vanessa Bruno，买童装或小朋友的东西我通常都到Lilli Bulle，杂货或装饰品我则是到Les Touristes购买。

Where to find me?

In the east of Paris. I walk a lot, so I go from the Marais to St Germain des Prés through the Ile St Louis and Ile de la Cité.

Favorite market：

Le marché d'Aligre.

Favorite café and bar：

Le bar de la Jarente , and Place du Marché Ste Catherine.

Favorite gallery/museum：

Le Musée des Arts Décoratifs.

Favorite shop：

So many! Isabel Marant or Vanessa Bruno for my clothes, Lilli Bulle for my daughter Susie, les Touristes for my home...

A ｜ A. 将运用在纸品创作上的图案移转到胸章

B ｜ 上，闪亮的胶片让胸章更为亮眼。

C ｜ B. 工作室置物架上摆满各种创作材料与半成品。

C. 二楼是工作台与客房，一楼则是厨房与起居室，充满家居感的工作室让Fifi更能安心地创作。

巴黎

二手物品再利用的复古感动

Valérie & Frédéric

Valérie和Frédéric住在狭小的两室公寓里，虽然过道和厨房小到连转身都有点困难，但在Frédéric发挥其室内装潢的专长后，这间典型的巴黎老公寓，摇身一变成了温馨又舒适的居所兼工作室，木头地板和小杂货让整个空间弥漫着斯堪的纳维亚气息，让人忘了身处在拥挤的巴黎闹区中。就是因为喜欢北欧的设计特色，Valérie和Frédéric也刻意地为So*sage塑造出类似风格，强调手作，并将环保的概念带入创作中，回收旧纸材与重现古老印刷技术的手法，让Valérie和Frédéric的作品看似简单、柔和，却有治愈人心的力量。

*Design Data

品　　牌：So*sage
手创人：Valérie & Frédéric
职　　业：手工纸品设计、视觉设计、织品设计
网　　址：www.so-sage-garlands.blogspot.com
哪里买：Serendipity、French Touch、Pic Nidouille、PouicLand

"你可以说我们绝顶聪明，但我们宁可成为好吃的沙拉米香肠！"

看似安静却偶尔语出惊人的Valérie和Frédéric即使取个品牌名，也要突显自己的小幽默，结合英文的So与法文的Sage，字义上看似拥有"高深智慧"(so wise)之意，但两人最初却只想取其谐音，做一条与众不同的香肠(Sausage)，"因为我们最爱享受美食了。"好吃的香肠来自师傅精湛的手工，而能够感动人心的纸品创作，同样需要创作者投注的用心与巧思，在机械印刷泛滥的年代，Valérie和Frédéric硬是要用手作的方式，重现纸张最原始的动人风貌。

"每天都被摄影器材与电脑荼毒的我们，成立So*sage的目的其实只是想摆脱高科技的纠缠罢了。"

曾几何时，创作变成了按下"Delete"或"复原"键就可以一切重来的这种模式。在所有设计商品都近乎完美的情况下，带点缺陷美的作品反而成了稀世珍宝，Valérie和Frédéric将So*sage带回设计与艺术的原点，以纯手工挑战自己的创作力，"不画设计图的创作方式，反而让我们更享受看到作品诞生时的刹那感动。"

"我们两个人就像拾荒老人一样，到处捡些比现金更有威力的垃圾！"

泛黄的教科书、办公室废纸、跳蚤市场上的老印章……你在眼中看似无用的东西，对Valérie和Frédéric来说却是无价珍宝，无论是裁剪成几何图形再加以排列组合，或是将图案扫描后再手工印刷到布料上，运用创意与巧思，从最初的纸卡、吊饰等创作纸品到近期的束口袋、祎巾等创意织品，Valérie和Frédéric不仅为这些废弃物找到第二个春天，通过回收纸品的特殊触感与复古图样的视觉效应，也带给苦闷的现代人一丝温暖。

"我们公私分明，虽然工作室就在家里，也不会把工作上的气头带回家庭生活里！"

所谓情侣合作困难的这种说法，完全不适用于Valérie和Frédéric身上，由于对彼此个性的了解与专业领域的敬重，So*sage成立至今虽然两人也曾有过无数的争吵，但彼此都知道对方是为了公司好，所以最后总是能找到一个解决的平衡点，"点子好就是好，能用就是能用，没有谁输谁赢的问题。"Valérie和Frédéric这对和谐的创作伙伴目前仍不断地为So*sage开发新产品，打算替陶器、金属器皿或二手家具来个大变身！"希望我们的设计能为现代人的日常生活带来平凡的幸福！"

*手创人大提问Q&A: 💬

巴黎的环境是否影响着你们的创作风格？

我们不是土生土长的巴黎人，但19岁就到这里念书，到现在也有大约20年了吧。巴黎有许多东西值得一看，也有数不清的事情可以做，每一区都有其特色存在，可能中午吃印度烤肉买沙丽，下午就到Mallet Stevens感受20世纪30年代的巴黎浪漫风情，对我们来说，这是一座充满创作灵感的城市。

设计对你们而言是……

设计是我们生活的全部！它强烈地传达着我们看待事物的各种观点与想法。

你们平常都怎样放松自己呢？

So*sage的创作就是我们休闲生活的一部分，大部分时间都在工作的我们，偶尔在餐厅吃饭或散散步就是很棒的消遣了。此外我平常会做些瑜伽，Frédéric则喜欢玩音乐。当对眼前的生活感到厌烦时，我们会跑去pont des arts散心，站在桥上所观赏到的美景总是能够再度唤起我们对这座城市的热爱，并让我们有充足的动力去克服种种难题。

你们每天都吃可颂面包、法国面包和喝咖啡吗？

这是当然的喽！

Did you grow up in Paris? If yes, do you think the environment helps your creation? If not, what brought you to Paris?

We didn't grow up here, we studied in Paris since 19.

It is very inspiring, there are so many things to see, to do here. You can find anything you need for creation. All the districts are so different. You can feel like in India, eating tandori chicken and buying a sarree in one area, or feeling like in the 30's front of a Mallet Stevens building in a other area.

What is design for you?

For us design is everything which has being imagined with a strong point of view with a strong will.

What do you usually do to relax yourself and for fun?

So*sage is a part of our relaxation, we work too much, sometimes we would eat somewhere we like and go for a walk. I'm doing yoga and Frédéric is playing music. We like reading magazine, traveling, having lunch with our friends, walking in the city. We love Paris. It is a very crowded city, but when we are stressed we go on the "pont des arts", then we realize how amazing city is, and have again enough energy to face everything.

Do you eat croissant, baguette and drink coffee every day?

We would like !

*巴黎私房推荐：✏️

最爱逛的市集：

我们这一带每星期两次的早市。那里的蔬果和奶酪是我们的最爱！此外Le Bon Marce的La Grande Epicerie de Paris也有来自世界各地的好酒。

最爱泡的咖啡馆/小酒馆：

Café de L'industrie，很有法式情怀的咖啡馆，很简单但是菜煮得还不赖；Le Sporting，很美的一间咖啡馆；Hôtel du Nord，法国名导Marcel Carné的名片《Hôtel du Nord》就是在这里拍的！还有还有，Ladurée的杏仁小圆饼……嗯~~杏仁小圆饼啊~~

最爱看的画廊/博物馆：

Palais de Tokyo、Galerie Patrick Seguin、La Galerie d'Architecture、Maison Européene de la Photographie 和Gallerie Anatome。

最爱买的小店：

Entrée des Fournisseurs有许多布料、纽扣、蕾丝花边……很赞；在Marché Saint Pierre则可以买到各类布料；而Bookbinders Design则贩卖许多精美笔记本和颜色亮丽的空盒；如果你也喜欢北欧杂货的话，Finova是你必逛的地方！在Le petit Atelier de Paris这座艺术工坊里你可以看到许多典雅精致的家具杂货。

Favorite market：

The market just 1 minute from our place. We buy there fresh vegetables, fruits and cheese! We also like to go to La Grande Epicerie de Paris, you can find amazing products in beautiful packagings from all over the world.

Favorite café and bar：

Café de L'industrie, Nice French "brasserie" with simple but nice food; Le Sporting, A beautiful place; Hôtel du Nord,You have to go there! The place is famous thanks to Marcel Carné the French movie director who filmed in 1930 "Hôtel du Nord"; Ladurée, a beautiful place to eat macaron, ahhhh! Macarons...

Favorite gallery/museum：

Palais de Tokyo, Galerie Patrick Seguin, La Galerie d'Architecture, Maison Européene de la Photographie and Gallerie Anatome.

Favorite shop：

Entrée des Fournisseurs, Fabrics, buttons, lace, yarns... So nice; Marché Saint Pierre, All the fabrics you are looking for; Bookbinders Design,beautiful notebooks, boxes, with amazing colors. Finova, beautiful Scandinavian design. Le petit Atelier de Paris, You have to go see that Atelier, extremely beautiful and delicate objects, porcelain and furniture.

A | C
B | D

A. So*Sage帮文教机构制作的小学生识字卡，因其浓厚的复古风味，竟也成为大人间重要的海报收集。
B. 从选布、构图、印刷到缝制全都由Valérie一手包办的束口袋。
C. Valérie闲暇时将碎布拼缝成的小猴子玩偶却成为朋友间的新宠儿，更进而成为正式贩卖的商品。
D. Valérie 和 Frédéric的家处处充满浓厚的复古巴黎风味。

巴黎

创作与行销并行的全才创作者
Sandra Dupiré

不只经营自有品牌，还利用主办创意市集的机会推销作品，Sandra是我认识的巴黎手创人当中，最有生意头脑也总是把赚钱摆在第一位的设计师。碰面的那天巴黎下着倾盆大雨，但Sandra设在庞毕度中心附近的室内市集却吸引了不少人的光顾，长条状的展场展示着不同手创人的作品，虽然还没见到Sandra，但心中却早已对她的策划与执行力佩服得五体投地。以摄影为设计基础，Sandra结合自己在色彩与手工印刷上的专业技巧，发展出专属的设计特色。以织品为主要素材而衍生出的服饰与居家杂货，十分受到巴黎单身贵族的喜爱。

*Design Data

品　　牌: Barceloneta
手创人: Sandra Dupiré
职　　业: 插画印刷设计师
网　　址: www.barceloneta.fr

"巴塞罗纳是我创作生涯的起点！"

以西班牙的艺术之都为品牌名称，对Sandra来说是种纪念，"我当初就是在那里决定要成立工作室的。"在艺术世家中长大，Sandra在画家祖母、雕刻家母亲与摄影师阿姨的影响下进入艺术学院就读，毕业后顺利地在相关产业中担任艺术总监助理的职位。三年的工作生涯虽然为Sandra在业界建立了良好的人脉与不错的收入基础，但热爱创作的她最后还是决定回归到创意人的位子，借由Barceloneta与其他工作项目训练自己对于图形与色彩的掌握，通过作品直接与一般人交流，面对面地倾听大众的声音。

"创作与大脑思考对我来说是一种相辅相成的循环。"

通过作品述说生活中各种小故事的Sandra，喜欢让自己保持在活力巅峰，总是看起来神采奕奕的她，即使聊天时，也都在思考着关于品牌经营的事，"市场对于新设计的需求强迫我要不断地动脑，而日以继夜的思考方式，则为我带来源源不绝的创作灵感。"Sandra的作品就像照片般写实，以都会生活中常见的景象为骨架，找出最能让人留下深刻印象的色彩组合后，挑选合适的布料利用手工制版的技术进行印刷作业，再后期制作加工成不同作品。水与颜料间比例的完美结合，让Sandra的作品早已超脱一般手绘或绢印创作的层次，而成为充满视觉性的独立艺术品。从印刷引发的兴趣，延伸到各种布料与织品上，Sandra的作品正在向更多元化发展。

"市场不断地需要新设计的刺激，所以我非得尝试新东西不可！"

从文具用品、灯罩、抱枕、提包到各种服饰，Sandra不断研究与开发可以运用手工印刷的商品，一方面保持消费者的新鲜感，另一方面也让喜欢尝鲜的自己不至于产生职业倦怠，"如果我老是做灯罩设计，可能早就无聊死了。"

*巴黎私房推荐: ✎

最爱逛的市集:

大部分都在我家附近，例如Barbes市集，很有活力也很有异国情调。

最爱泡的咖啡馆/小酒馆:

我喜欢气氛温馨的场所，例如安妮皇后茶馆(Queen Ann)。

最爱看的画廊/博物馆:

太多了！不过我最常去庞毕度中心和布利码头博物馆。

最爱买的小店:

事实上我最爱的店家不是卖书就是卖面包糕点，如果是一般购物的话，我比较常逛创意市集。我自己在巴黎也会不定时地联合其他设计师朋友办市集哟！

Favorite market:

Most of them are not far from my home, such like the market Barbes, very exotic and alive!

Favorite café and bar:

I like the cozy environments ,such like the tearoom "Queen Ann".

Favorite gallery/museum:

Too many! I like Beaubourg, le musée du quai Branly ...

Favorite shop:

In fact my preferred shops are the bookshops and bakeries! And for my purchases of "creators", I make the expo-sale as "girls switches some" which took places several times every year.

*手创人大提问Q&A：

你曾经想过放弃创作这条路吗？

　　最近我常问自己是否还要再继续走创作这条路，受到经济不景气的影响，消费者的购买力下降，身为设计师的我可以说第一个受到冲击。再者，因为自有品牌的关系，除了设计我还得花许多精力在行销以及与厂商沟通上，最近我觉得自己根本没时间做新设计！虽然试着找出解决之道，但目前还没有好的办法。

你也收集其他设计师的作品吗？谁是你的最爱？

　　在我主办的创意市集，我常常会买其他人的作品，例如：Hazar、Creatures、Anne Monnier、Sandrine Hake。

你觉得住在巴黎的生活怎么样？

　　我很喜欢住在巴黎，却有常常出游的生活模式。巴黎是一座很精彩的城市，但相对来说住在这里的压力也很大。身为创作人，我很感谢这座城市便捷的交通系统与多如繁星的博物馆、艺廊，这对我的设计工作有很直接的帮助。

你每天都吃可颂面包、法国面包和喝咖啡吗？

　　谁说巴黎人每天都过这种生活呢？其实我还比较常喝茶，可颂面包也只在周末才吃啦！

Have you ever thought about give up designing or creating?

Recently it's I ask myself this question oftener, because harder for we creators nowadays! People decrease purchasing power and we are the first to feel it. Carrying out for the moment only single parts, it is impossible for me to live only of the diffusion of creations "Barceloneta". While passing to a more important production I am afraid to spend my time having to manage the commercial and productive aspects and not have enough time for creation! Then for the moment I seek solutions but it is rather difficult!

Do you also collect other designers' products? Who's your favorite design/ brand?

Yes, I buy sometimes from other creators I meet at the creative markets in which I take part, for example: Hazar, Creatures, Anne Monnier, Sandrine Hake and many others.

What do you think about living in Paris?

I like to live in Paris on the condition of also being able to leave there regularly. It is a splendid city but also tiring and stressing... I appreciate to have the convenient metro system and so many museums, that supplies which I need to create...

Do you eat croissant, baguette and drink coffee every day?

I often drink tea. Croissant is rather for the weekends!

A | B
C | D
A. B. Sandra结合手绘与剪影技巧的手工印刷提袋。
C. Sandra手工印刷的设计抱枕，柔和的色彩与充满大自然风味的图样，为居家生活营造法式风格。
D. 双面设计的手缝单片裙上，Sandra通过印刷技巧展现另一番都会风貌。

法日融合的风雅灯饰
Céline Saby

巴黎

　　Céline为了将居住空间与工作环境作区隔，特别集合起几个手创好友，在中国城附近租了间位于旧公寓一楼的工作室。近百平方米大空间里，平时摆着四五张大型工作台供每个手创师运用，到了周六下午，她与朋友们则将工作台面全部往后挪，让原本的空间摇身一变成为展售作品的店面，让闻风而来或闲逛到这一带的人，有个定期的市集可以选购这些创意商品。

*Design Data
品　牌：Céline saby
手创人：Céline Saby
职　业：灯饰设计师
网　址：http://www.celinesaby.com
哪里买：Atelier Beau Travai、French Touche

"生命中第一个灯饰,其实是要送男朋友的礼物。"

以巴黎为据点的手创人很多,但大部分都是集中在服装或首饰设计上,像Céline这样专注在灯饰,且一做就是十多年的设计师,大概也找不到第二个人了吧!在学校学电影制作的Céline,毕业后除本业外也曾客串过女演员的工作,看似与艺术设计无关联的她,却因为当时男友的生日,而开启了自己的手作生涯。"制作这些灯饰已经成了我每天的例行公事,很难想像把自己从这种生活中剔除后会是怎样的感觉!"

"其实我从没去过日本,创作灵感是来自在法国所接触到的日本文化与文学。"

在灯饰创作上,Céline舍弃华丽繁复的造型,以不同尺寸的简单圆筒状表现布料纯粹的美感,"这种造型的灯罩比较不会耗损灯光的投射范围,而且你从不同角度都可以观赏到这块布上的不同细节设计!"兼具视觉与实用功效,看似务实的Céline将她梦幻的一面发挥在灯罩图案的设计上,目前分为线条手绘、日式和服两大系列的灯罩设计款,前者极度简约,散发着法式当代风情,后者则是以夸张的手法展现出Céline对日本文化超华丽的印象,看似相冲突的两条路线,却都切中Céline对于色彩的要求。无论是手绘图形再请工厂代为印刷布料,或是直接撷取日本浴衣的面料,纯天然棉布上所印制的图案,在柔和光线的映照下都更为细致动人。

"巴黎人对于居家的摆设很有自己的看法!"

就像其他巴黎人一样,身为居家杂货设计师的Céline对于自己的家,也偏好不同色彩与风格的混搭,并从中找到最对自己胃口的调性,"家不仅是一个人品位的展现,也可以从中看出这个人的个性呢!"

*手创人大提问Q&A: 💬

你觉得设计是什么？

我认为设计是扩大视野的一种方式。

你也收集其他设计师的作品吗？谁是你的最爱？

Laurence Braban、Mat and Jewski、Charles以及Ray Eames。

你喜欢住在巴黎的生活吗？

很喜欢啊，我住的那一带大家都彼此认识，就像是一个小村落一样！

你下班后都怎么打发时间？

我喜欢在家听音乐、出去看展览，或是找朋友一起去餐厅吃饭。周末的时间我尽量保留给我老公和两个小孩：Nemo与Yuko。

你每天都吃可颂面包、法国面包和喝咖啡吗？

我不太喝咖啡，但是每天都要喝茶，还要吃夹了奶油的面包。

What is design or art for you?

It's a way to open my mind.

Do you also collect other designers' products? Who's your favorite designer/ brand?

My heart is belonged to Laurence Braban, Mat and Jewski, Charles and Ray Eames.

What do you think about the life in Paris?

I like it very much! My neighborhood is just like a small village that everyone knows each other.

What do you usually do to relax yourself and for fun?

I go to the picture, I heard music, and go to restaurant with my friends. On the weekends, I'm with my lover and two Kids Nemo and Yuko.

Do you eat croissant, baguette and drink coffee every day?

I drink tea and eat bread with butter every morning.

*巴黎私房推荐: ✏️

最爱逛的市集：

Palais des Fêtes，主要是买吃的。

最爱泡的咖啡馆/小酒馆：

Toraya、Tokio eat、Usagi。

最爱看的画廊/博物馆：

庞毕度中心和巴黎东京宫。

最爱买的小店：

Isabel Marant、Estelle Yomeda、Christophe Lemaire。

Favorite market:

Palais des Fêtes to buy food.

Favorite café and bar:

Toraya, Tokio eat, Usagi.

Favorite gallery/museum:

Centre georges pompidou, and Palais de tokyo.

Favorite shop:

Isabel Marant, Estelle Yomeda, Christophe Lemaire.

Céline专属，堆满布匹与水电零件的工作台。

巴黎

用爱与梦想创作的优雅陶艺
Natacha Matic

Natacha住在巴黎郊区一栋向阳的现代化公寓里，看似冰冷的建筑物内，却是Natacha巧手装潢出的温暖小窝，在家人的体谅下，Natacha占据了采光最好的房间与露台作为创作空间，天气好的时候Natacha喜欢在露台上边观察往来的人群，边沉浸在美好的陶艺世界里。电脑插画、手绘、陶艺，不同的创作技巧Natacha采用不同风格的色调表现，但却在一贯的生活化主题中，透露出淡淡的法式优雅。

*Design Data
品　牌：Natacha Matic
设计师：Natacha Matic
职　业：插画家、陶艺家
网　址：http://www.creation-natachamatic.com/

"最近读的诗篇、老公对我的爱，以及我对生命的看法，全都融入了创作世界中。"

艺术学校毕业后的Natacha凭着在手绘、电脑绘图与网页制作方面的专长，顺利地游走于巴黎各大广告公司与设计工作室之间，并不断地在报章杂志等平面媒体上发表自己的作品。从早期以巴黎当代女性生活与妈妈宝宝为主题的插画，到近期以天使、小猫为主题的水彩作品，一向喜欢将近况与创意工作结合在一起的Natacha，通过创作与爱好她作品的人分享生活点滴。

"自从接触陶艺世界后，我就深深爱上了陶土的无限创作潜力。"

回到校园学习捏陶技巧后，Natacha疯狂地坠入陶艺创作中，主要设计商品也转以陶艺为主，陶土的特殊手感与Natacha的淡雅水彩画风不谋而合，因此她结合两种艺术范畴，发展出带有浓厚法国乡村气息的陶艺作品。以无瑕的纯白色调为基底，搭配由点、线勾勒出的简单图形，无论是戒指、项链等首饰，或是以猫头鹰、小猫为造型的各式陶器，全都散发出一股温馨气息，带给人一种感动。

"有时候，我就是没办法卖掉我亲手做的东西！"

Natacha别具特色的水彩手绘与陶艺饰品，无论是在创意市集还是在网络上，总是未开卖先轰动，对Natacha来说，每件手作商品的完成，都像是一个小小梦想的发光发热，要将自己的梦想送到其他人手上的不舍，还真不光是金钱就能补偿的，"我都告诉自己，就让我已成真的美梦为别人圆梦去吧！"

"老公是我创作的最大动力。"

在另一半长期的包容与支持下，Natacha可以毫无后顾之忧地投入最爱的创作世界里，虽然在作品中流露了对儿子无限的爱，但她心里还是恨不得两个小家伙早点长大搬出去，让她可以在重温两人世界的同时专心创作。"手工创作对我来说是把梦想带进真实世界的唯一办法，即使我将来不再画画或捏陶，我也无法活在没有创意的世界里！"

除首饰外，杯盘、置物盒、珠宝盒与小摆饰也是
Natacha陶艺创作的重点。

*手创人大提问Q&A:

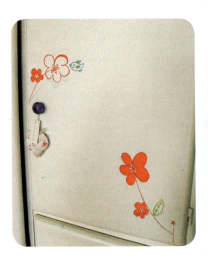

你觉得设计是什么?

是我生命的一部分!

你也收集其他设计师的作品吗? 谁是你的最爱?

我家有很多很多别人的设计,我喜欢"chicadecanela"、Marie Garnier……太多了写不完。

你喜欢住在巴黎的生活吗?

巴黎的生活不但充满刺激也很昂贵,有小孩之后为了节省开销我和老公搬到了市郊,离市中心大概15分钟左右的车程,安全又宁静,很适合创作与小孩子成长。

你平常都怎样放松自己呢?

看书、散步或旅行,最近我也开始上羽毛球课,以维持适当的运动量,周末的时候我会一个人去拜访朋友,看电影、展览或是和家人一起去海边玩。

你每天都吃可颂面包、法国面包和喝咖啡吗?

哈哈,你中巴黎的毒中得很深哟! 这些全都是一般人对巴黎生活的刻板印象啦,但除此之外,我每天也喝大量的茶。

What is design or art for you?

It's a part of myself.

Do you also collect other designers' products? Who's your favorite designer/ brand?

A lot! I have billion of designer things at home, I love "chicadecanela", Marie Garnier (a french designer and a friend) and so many other designers that I can't list them.

What do you think about life in Paris?

Life there is exciting and expensive! I moved out when I had kids. I'm 15 minutes from Champs Elysée but Suresnes is more quiet and adapted for family life.

What do you usually do to relax yourself and for fun?

I walk and, read a lot. I also love to travel and practice meditation. This year I started some badmington training. On the weekends,I meet friends, go to watch movies, exhibitions. I like to go to french atlantique coast with my husband and kids as well.

Do you eat croissant, baguette and drink coffee every day?

It's so "clichée" but yes I also drink a lot of tea.

结合陶艺与手绘的戒指也是Natacha重要的创作之一,简约中透着温馨感,是创意市集上的抢手货!

*巴黎私房推荐： ✏

最常出没的地方：

中国城、歌剧院广场，以及Quai Branly附近。

最爱逛的市集：

歌剧院那一带的"Le Printemps"，以及BHV。

最爱泡的咖啡馆/小酒馆：

Ladurée，那里的饼干真的太妙了。

最爱看的博物馆/画廊：

卢浮宫，夜晚的灯光照明有股莫名的魔力呢！

最爱买的小店：

玛黑区和Le Printemps那一带的所有小店。

Where to find me?

I used to live in Paris' China town, so I often return there. There is a special mood there and a great tea room. I love tea rooms! The Opera quartier is such a nice place too. I also like the new museum "quai Branly".

Favorite market：

"Le Printemps" and the BHV.

Favorite café /bar：

It's Ladurée because of their cookies.

Favorite gallery/museum：

It depends on the exhibition, but I think I have a special feeling for the Louvres. Sometimes it's opened till late in the evening and with all the lights inside and outside. It's a magic!

Favorite shop：

All the shops in le Marais and Le Printemps.

A | A. B. Natacha的创作卡片。

B | C. 混合了版型、布料、贴纸与各式亮片，Natacha与玩具厂商为小女生所设计的服装

C | D   设计书。

      D. Natacha刚完成的手绘作品，却早已被住在日本的熟客订走。

巴黎

怀旧迷人的素雅陶器
Elise Lefebvre

在目前一片当代简约风潮中，还坚持带有乡村风味的怀旧风格陶器，除非是去跳蚤市场，否则还真的不太可能找得到。通过双手控制得宜的力道，Elise技巧性地完整呈现陶器纯朴厚实的质感，米色的底色上隐约还看得到拉胚过程中产生的细纹，由淡绿、浅蓝或枣红所构成的圆点、线条，让Elise的陶器作品更显得风格独具。除了居家杂货外，Elise还看中陶器细致典雅的一面，将捏陶技巧运用在别针、首饰上，别处找不到的简约优雅，全在Elise灵巧的双手中诞生。Elise的捏陶工坊就设在巴黎市区，静谧、清幽的环境，让人很难想像走到大街上又是一片车水马龙，每天Elise就是在这样的心情转换中，将观察巴黎人所得到的灵感融入在陶器创作中。

*Design Data
手创人：Elise Lefebvre
职　业：陶艺家
网　址：http://www.elise-ceramique.com/
哪里买：French Touch、Maison ivre、Melee Cassis、Boutique des Ateliers d'Art de France

"从小我签名的方式就与别人不太一样。"

法文正式写法为 "ELISE" 的名字，在Elise手中成了 "éLISE，就是多这么一撇，特殊的签名成了她的注册商标，不仅信用卡上，就连陶艺创作也直接引用，"当然我也希望自己的作品就像这个签名一样留给人深刻的印象喽！" 中学时期便开始接触艺术的Elise，在进修过织品设计课程后，接着又考上巴黎的陶艺专门学校。没有刻意选择陶器创作这条路，但对陶艺越接越感兴趣的Elise毕业后，干脆成立个人工作室，不仅推出个人品牌，也开班授课，将自己对陶器的热爱传承下去。

"无论是色彩或造型，我都偏好简单自然。"

"在偶然的机会下接触陶艺创作，当双手碰触到陶土的一瞬间，我立刻爱上了从指尖与手掌传来的特殊触感，有种……能抚慰人心的力量！" 从观察陶土中获得的灵光乍现、捏制成形，到最后的上色、烧烤，Elise细细地品味着作品诞生的愉悦过程。校园生活虽然为Elise奠定了制陶基础，其后她又不断地寄身于法国各大名师门下，但独立开业后不断的磨练才是她建立自我风格的手段。将生活周遭的景观融入创作中，无论是地铁站里年轻女生粉嫩的春装、超市里整齐排列的包装罐头，或是记忆中祖母珍藏的陶土器皿……"巴黎是我的灵感宝库！"

*手创人大提问Q&A：

你觉得陶艺创作是什么？

陶艺创作介于艺术与手工艺品之间，算是较受欢迎的一种艺术。

你也收集其他设计师的作品吗？谁是你的最爱？

我收藏了许多bric-à-brac有名的创作，也有许多在创意市集上结交的好朋友的陶艺作品。在陶艺界我最喜欢的艺术家是Simone perrotte、Martine Damas以及Daphné Corrégan。

你喜欢住在巴黎的日子吗？

我喜欢这里多元化的文化背景，但如果住在这里的生活压力可以改善的话那就更好了。

你平常都怎么放松自己呢？

我通常都靠打太极拳，以及在林间或海边散步来纾解身心压力。周末的时候我常和朋友去喝两杯，或是在巴黎到处乱逛看看有什么新鲜事发生，或去拜访住在外地的朋友。

你每天都吃可颂面包、法国面包与喝咖啡吗？

我每天都会吃法国面包，以及喝许多茶与咖啡，但可颂是星期天早餐的专属美食。

What is ceramic for you?

I think that ceramic is between craftwork and art. A kind of popular art.

Do you also collect other designers' products? Who's your favorite designer/ brand?

I collect a lot of popular objects from bric-à-brac and many ceramics from other friends met at different markets. My favorite designers in ceramics are Simone perrotte, Martine Damas, Daphné Corrégan.

What do you think about living in Paris?

I enjoy living in paris for the intense cultural life but I think it's also a stressing city.

What do you usually do to relax yourself and for fun?

I do Tai-chi, I like go for a walk in forest or on the seaside. On the weekends, I spend a lot of time with my friends in bars and I like to walk in Paris looking for new unwonted places I go also to visit my friends in the other country.

Do you eat croissant, baguette and drink coffee every day?

I eat baguette tea and coffee every day but the croissant is for Sunday breakfeast.

Chapter 2
02 绘画涂鸦类

混合新旧深度的古纸绘画
Sofia Barão

巴黎

来自里斯本的Sofia选择在巴黎落脚前，曾在欧洲各国旅行，据说在我搬到Winterthur之前，她也曾在这个瑞士小镇住过四年，或许是因为这个原因，我和Sofia总有聊不完的话题，从手工创作、古典艺术聊到巴黎与Winterthur对于古老手工艺的保存与发扬。住在郊区的Sofia将工作室设在自家公寓的阁楼里，工作时需要的古书、信函、老照片等泛黄纸张，成山地堆在工作室各个角落，犹如古老图书馆的创作环境，给人一种温暖、安心的感觉。

*Design Data
手创人：Sofia Barão
职　业：视觉设计师
网　址：www.sofiabarao.com
哪里买：http://lafeecoriandre.etsy.com

"我母亲不是艺术家，但是她也喜欢自己做些雕塑品。"

从小就和母亲一起在跳蚤市场与创意市集上贩卖手工艺品的Sofia，从没受过正统的艺术或设计教育，从书本、电视与市集上各个手创人的作品当中，Sofia自学、领悟出一套创作风格。最初以服装配件与首饰创作为主，喜欢混搭不同素材的惯用设计手法，至今仍旧运用在Sofia的手绘作品中。

"混合新与旧的各种元素，让老东西也能有新的艺术面貌，这样的创作对我来说才是有趣又有意义的！"

在旧书摊中长大，泛黄的老书、信件、乐谱等充满岁月感的文件，对Sofia来说有种难以抵抗的神秘吸引力，只有她才能看穿时间、空间，发掘出这些老东西厚厚灰尘下独特的美感，"我现在每星期一定到跳蚤市场报到，看看又有哪些旧东西被挖了出来，有时也能激发创作灵感呢！"

"从这些老照片中，我仿佛看到了远在葡萄牙的亲友，与童年的美好时光。"

将各种回收的二手纸张剪碎后重新排列组合，搭配上水彩、油彩、亚克力颜料或简单的铅笔线条，Sofia从不预先设定作品的主题，将创作过程中所衍生的各种灵感不断累积，直到感觉对了她才会罢手，"我原本设下的目标是一天要完成一幅，但我每天都有一堆新点子，常常会变成一两个星期才能做完！哈哈。"在创作之余，Sofia也在当地的博物馆担任导览的工作，让艺术能够完全地融入每天的生活中，她认真地享受这忙碌而充实的每一天，"虽然我离成名还有很长一段距离，但我相信只要不断地创作不停地思考新点子，总有一天我能够达到目标！"

*手创人大提问Q&A:

你觉得设计是什么？

　　艺术、设计和创作是相通的，而且同样重要。我认为艺术是灵魂的粮食。

你也收集其他设计师的作品吗？谁是你的最爱？

　　我刚刚开始收藏家的生活，虽然量不多但有逐渐增加的趋势。我最爱的艺术家是Christian Boltanski。

你平常都怎样放松自己呢？

　　冬天我喜欢待在家里，边看DVD、杂志，边喝茶消磨时光，或是趁着一大早雾气还很浓的时候出去散步。其他时候我喜欢到巴黎去逛街——女人的最佳休闲活动！周末我和老公偶尔会去不远的海边放松一下，或是到卖杂货和家具的小店逛逛，寻找创作灵感。

你喜欢住在巴黎的日子吗？

　　巴黎是个很棒的地方，我曾经住在市区，但现在搬到了郊区，想进城还挺方便的！我喜欢郊区的宁静生活，但每当看到艾菲尔铁塔的时候，心中还是有说不出的感动。

你每天都吃可颂面包、法国面包和喝咖啡吗？

　　几乎是如此！我星期天一定要吃可颂配茶当早餐，法国面包则是其他几天的选择。

What is design or art for you?

Art, design and crafts are linked, this is really important for me. A way of expression, and art is really the food of the soul.

Do you also collect other designers' products? Who's your favorite designer/ brand?

I have some artworks, not as much as I would like but I'm starting. My favorite artist is Christian Boltanski, his installations for me are human history.

What do you usually do for fun?

In winter I just like to stay at home and relax with a good movie, some magazines and books and a good tea or to go out early in the morning when it's foggy.

Otherwise, I like to do a lot of girl stuff, shopping in Paris is my favorite. My husband and I sometimes go to the sea, Also, I love to just wonder around at interior decoration shops, such creativity and inspiration.

What do you think about living in Paris?

Paris is amazing. I now live not far from here. I used to life in Paris but prefer to live in the countryside. My heart still goes overwhelmed every time I see the beautiful Eiffel Tower.

Do you eat croissant, baguette and drink coffee every day?

Almost. I drink tea and croissants every Sunday, but yes, baguette and tea every morning.

*巴黎私房推荐：🖉

最常出没的地方：

玛黑区，吃喝玩乐都可以在这里搞定，很赞的一区。

最爱逛的市集：

一定要推荐的是Porte de Clignancourt的跳蚤市场，另外星期天在Louis Lepine广场的鸟市，也是值得一逛的地方。

最爱泡的咖啡馆//小酒馆：

嗯……我很喜欢去Les cakes de Bertrand，因为它的装潢和气氛实在是太……法国了！漂亮又温馨，是个喝茶吃蛋糕的好地方。

最爱看的艺廊/博物馆：

非庞毕度中心莫属。

最爱买的小店：

有太多店可以推荐了，第三区的Vieille du Temple绝对是逛街的首选！那里有许多设计师开的店，其中有家叫Yukiko专卖复古皮包和珠宝的小店更是我的最爱！

Where to find me:

At Le Marais, it's my favorite place to do everything, love it!

Favorite market:

The Paris flea market at Porte de Clignancourt but also a less known market, the bird market every Sunday at Place Louis Lepine. I love birds.

Favorite café/bar:

Uhhmm, I love the Les cakes de Bertrand. It's like a French boudoir, so beautiful, cozy and with wonderful teas and cakes.

Favorite gallery/museum:

It must be the Centre Pompidou, a must see in Paris.

Favorite shop:

There are tons of them; I'll just give you a street: Rue Vieille du Temple. There are wonderful designers shops especially, Yukiko...

A | B

A. 以全新的邮票串联起泛黄的乐谱、旧报纸与合约书，仿佛述说着从古至今通过邮件传送的无限故事。

B. 因战争所筑起的铁丝网不仅阻隔敌人的进攻，也让爱侣就此相隔两地，千言万语说不尽的爱意或许永远都送不到对方手中……

黑色歌德式浪漫插画
Kmye Chan

Kmye住在巴黎南区的一座大公园旁，她的公寓附近据说是巴黎大师卢梭的故居，因此长久以来这一带便是巴黎年轻艺术家聚集的地区。Kmye设在狭小旧公寓里的工作室拥有窗外一片辽阔的景色，无论是白天的绿意或夜晚的月光，总是给她一种静下心创作的力量。目前还在专攻分子生物学的Kmye在繁重的课业与实习工作中，靠着绘画纾解身心压力，从早期的仿日式少女漫画风格演变到目前的混歌德式画风，虽然Kmye表示自己还在不断地学习成长中，但她刚成立不久的线上画廊，早已受到巴黎地下艺术界的瞩目。

*Design Data
手创人：Kmye Chan
职　业：学生、兼职插画家
网　址：http://kmye.etsy.com
哪里买：http://kmye.etsy.com

"虽然我的作品多属角色插画，但我并没有特别针对任何脚本进行创作。"

对Kmye而言，画画纯粹是将当时涌上心头的感受表现在作品中，并没有任何特定的情节，也不是她人格特质的投影，比较像是生活的写真，带给不同人不同的感受。在画家祖父的带领下，Kmye一步步地探索艺术世界，受到慕夏、John Tenniel、Edward Gorey与其他超现实主义的画家影响，擅长以黑色华丽风格处理画面，利用明暗与色彩对比突显出画中主人公的内心世界。"我就是喜欢画女生，没什么特别的理由。"掌握住纤细的肢体动作与多变的脸部表情，比起男性的阳刚，Kmye认为阴柔的女性更能贴切地传达她创作时的各种心情，"女生比较适合穿歌德式的黑色浪漫服装啊！"

"所谓的风格应该是自然而然塑造出来的吧！"

从幼年时的随意涂鸦，历经学生时代对日本与法国漫画的痴迷，到目前对女性的了解，Kmye不断地寻求能够完整传达她内心想法与感受的绘画技术或风格，从她历来的作品当中，我仿佛看到一个画家的生成、一个女人的成长，"有时候风格的转变纯粹只是因为自己不再为同一件事着迷罢了。"让灵感自然而然地渗透进作品里，虽然在部分表现技巧上吃尽苦头，但不想被科班教条所约束的Kmye仍旧庆幸自己未曾进艺术学校受教育，"因为这样我才能自由自在地创作啊！我还年轻不急着出头，只要有人喜欢我的作品就够了。"

A | B
 | C

A、B、C. 歌德式黑色浪漫风格的服饰，在Kmye眼中最符合笔下角色超写实的身份。

*手创人大提问Q&A：

你创作时所面临的最困难的部分是什么？

我的死穴应该是素描吧，因为我都直接用彩色铅笔作画，但之前总是挑不到适合的颜色，现在虽然我对色彩掌握有进步，但在构图方面还有很大的学习空间。此外，如何将脑中的想法转化成纸上的人物，也是件很磨人的工作。尽管如此，我从没想过要放弃画画，历经创作的高潮与低潮，我相信创作一定会遇到瓶颈，但只要过了那个关卡，一切就会好转，且我也会有所成长！

你觉得设计或艺术是？

我觉得两者都是很主观的东西，很难为它们下定义，但我同意一个朋友的说法："艺术有种能够改变人心的力量，能够唤起别人内心深处的某种感动。如果你看到一件创作只觉得'还不错'，那对你而言这件作品是设计，但如果你因而受到感动的话，那它就是艺术。"

你平常都怎样放松自己？

画画啊！我平常没什么时间作画，所以一有空我就会抓住机会创作。此外，我喜欢散步、逛街，偶尔会和朋友聚会或去看展览。我也喜欢在家看书或看电视，我也常花时间在浴室泡澡享受一下。周末虽然不用上课，但最近光是上网整理订单与回复顾客的问题就让我忙疯了：接单后开始画，画完了之后包装、寄送……真的很花时间，但是我忙得很开心。

你每天都吃可颂面包、法国面包和喝咖啡吗？

可颂很赞！如果可以，我每天都想吃，但是我没时间一天到晚去面包店买。法国面包也不赖，我不喝咖啡，但很爱法国各地生产的茶。

What's the most difficult part of creation for you?

To transfer what I have in mind on the paper. I can literally spend hours on the sketch, I'm a very slow artist, and I don't have a very good sense of anatomy, composition and perspective, so I very often have a lot of trouble to transfer my concept and my emotions to the paper, in a shape that pleases me. I've had ups and downs like everyone of course, sometimes I feel like I'll never be as good as I wish I was... but I usually feel better very soon.

What is design or art for you?

It's difficult to say, it's a very subjective thing. I quite agree with what someone I know said once: art is something that changes you, that evokes strong feelings in you. If you look at a picture and just think "it's nice", it's design. If you feel something inside when you watch it, then it's art.

What do you usually do for fun?

I paint! I don't have much time for painting, when I have some free time I love taking my stuff out of the cupboard. Apart from that, I like walking in the streets, looking at the shops, etc. When I'm at home, I love watching TV. Also, I'm a real girl, I love spending hours in the bathroom in a bath or under the shower. And I take care of my online shop a lot, lately. It's very time-consuming, since everything I sell is hand-made (except the prints, obviously), I make everything myself one item at a time, I pack everything, I sign everything... It's been taking a lot of my free time, but I love it.

*巴黎私房推荐:

最常出没的地方:

我喜欢第五区,那一带是年轻人的天下。餐厅、酒吧、夜店……那里不仅晚上很热闹,白天也是逛街的好去处。

最爱逛的市集:

其实我不太逛市集耶,因为我实在无法早起……哈哈。

最爱泡的咖啡馆/小酒馆:

我忘记名字了,但是卢浮宫对面的那间咖啡馆,虽然总是挤满了观光客,却很温馨又有法国味; St André des Arts那一带的酒吧和咖啡馆也不错。

最爱看的艺廊/博物馆:

奥塞美术馆、达利博物馆以及Faubourg St Honoré那一带的画廊。

最爱买的小店:

Mariage-Frères,我心目中巴黎最赞的茶馆,我告诉自己总有一天要喝遍店里所有的茶选。此外,我也喜欢香榭丽舍大道上的"Ladurée",她们有很多你到巴黎非吃不可的甜点,尤其是杏仁小圆饼!

游移在现实与幻想空间中,Kyme笔下的插画角色各自拥有着不同的故事,无法用言语表达,但总是带给他人淡淡的哀伤。

Where to find me:

I like the 5th "arrondissement" better. It's a very young part of the town, with many universities and high schools, and pubs, bars, restaurants... loads of fun. By night it's very lively, and by day there are many little shops with original clothes, jewels, books, tea... everything I like!

Favorite market:

I don't go to the market really often, to say the truth... I usually wake up too late!

Favorite café/bar:

I love the café/tea shop in front of the Louvre, It's very cozy and French, though it's highly tourism. Apart from that, I don't have a "favorite" one, but I really like the cafés and bars of the rue St André des Arts, and the surrounding streets.

Favorite gallery/museum:

There are several. I love the Musée d'Orsay, it has many amazing classical pieces that I really love, and when it's not too crowded you can really see them close, it's great. I also love the Salvador Dali museum on Montmartre, because I love Dali mainly, I've lurked around the galleries in the avenue Matignon and the Rue du Faubourg St Honoré, but I have no specialist!

Favorite shop:

The Mariage-Frères boutique – it's a tea shop, the best one in Paris, in my opinion! They have so many delicious teas, my secret ambition is to try them all. I also love the bakery "Ladurée", with the best desserts you can eat in Paris (their macarons are to die for).

绝美晦暗童书绘者
Benjamin Lacombe

　　通过住在巴黎的朋友认识了Ben，第一次看到他的作品，便被画里所透出的强烈忧郁气息所震撼，去看过Ben和其他童书插画家联合举办的画展后，我对他产生极大的兴趣，很想见见他的庐山真面目。一个晴朗的星期天早晨，我终于有机会拜访住在圣马丁运河附近的Ben。同样身为提姆波顿与宫崎骏的粉丝，我俩从圣诞夜惊魂聊到霍尔的移动城堡，从日本漫画聊到日本江户时代的和服与家徽，Ben对于创作所下的研究工夫给我留下很深的印象，也难怪无论是精工画或是宽版画作他都能够表现得很好，并让观者产生共鸣。不仅从事插画也涉足写作的Ben，虽将创作范围锁定在童书，但他在欧美各国却有不少书迷早已超出看童书的年纪，以成年人的角度表现童书情节，以细腻绘画手法表现写实或想像世界，这就是Ben受欢迎的关键所在！

*Design Data
品　牌：Benjamin Lacombe
手创人：Benjamin Lacombe
职　业：作家、插画家
网　址：http://www.benjaminlacombe.com/
哪里买：法国各大书店的童书部

"我小时候最大的梦想就是帮迪斯尼画卡通。"

一零一斑点狗、森林王子……童年陪伴着Ben长大的卡通漫画，让Ben决心投入动画创作的行列。十六七岁的Ben如愿进入动画创作公司实习，然而对这行业了解得越多，Ben越觉得自己不适合干这行，与其为客户选定好的脚本绘制一格格的动画，他更想一手包办从故事写作到勾边上色的全部工作。因此在实习工作结束后，他进入The ENSAD艺术学院，并在同年签下第一本漫画合约。"我很庆幸自己选择回学校念书，因为有机会接触到各种不同的艺术风格。"从绘画、电脑制图到摄影与电影，回学校进修的岁月开拓了Ben对艺术的视野，他因此有机会接触其他不同范围的大师作品。提姆波顿、宫崎骏、Edward Gorey等动画、插画大师的电影与画作全都成了他的私人收藏，并对他日后的创作产生了极大的影响。

"我的画能够给人带来不同的感受！"

无论是悲伤、忧郁或是欢欣鼓舞，将生活周遭所捕捉到的各种表情，与人际间的微妙互动，融入故事情节或角色感受中，让人第一眼看到便能感受其强大的震撼力。为了创作出符合故事时代背景或故事主人公身份的画作，Ben也大量研究从古至今东西方艺术大师的表现手法，与各时代不同的历史与建筑、服装特色，甚至当时人们的日常生活。因此在他的作品中，我们可以看到害怕怪物的小男孩的卧室中有龙猫玩偶，上流人家所养的小狗拥有专职的宠物管家……"我喜欢接触不同种类的艺术，古典、当代、波普艺术或是各国漫画和插画我都会想尽办法去了解。"

"在我体内住着不同性格的人，通过我的作品，你可以看到不同的我！"

就像其他艺术家一样，Ben有着细腻而多样化的个性，在创作之初他设定好主题后，便将自己融入故事中，随着情节的推演，各个角色面对不同状况的反应，全掌握在他手上。"如果我面对这种事会想哭，那我的角色也会跟着潸然落泪。"在巴黎充满文化与艺术气息的环境中长大，Ben对艺术有着很深的体会，也因为巴黎人对于童书与漫画的重视，直接地帮助他建立起自己的事业。现在Ben的故事不仅在法国流传，更被翻译为不同语言，在欧美各国出售，他独特的画风与情节推演，早已成为各地大人小孩的最爱！

A |
B |

A. 光线与色彩的掌握一向是Ben的强项，在这幅作品中无论是灯笼周围的光晕或是穿透日式纸门的光线，全都拿捏得恰到好处。
B. 从西方艺术家的角度完整呈现日本江户时代的街景，故事主人公和服的图案与布料自然垂下的质感全都细致而接近真实。

*手创人大提问Q&A:

创作生涯中你所面临的最大瓶颈是什么？

一个人的时候！在截稿日或是要准备个展时，因为工作量大，所以我一个人花很长的时间在工作室里，只有我的狗陪着我……那种被孤独吞噬的感觉……很难熬。

你觉得设计或艺术是什么？

范围太广了，很难三言两语就解释清楚。

你觉得住在巴黎的生活如何？

很高兴能有机会住在这里，我无法想像自己住在其他地方的样子。

你平常都怎样放松自己？

找朋友、看展览或去看电影。

你每天都吃可颂面包、法国面包和喝咖啡吗？

这是个老掉牙的问题，但是就像其他法国人一样……我爱可颂、法国面包和咖啡！对了！还有红酒与奶酪。

What's the most difficult part of creation for you?

Definitely the loneliness. When I have a lot of work I can stay weeks alone in my atelier, with just my dogs to wonder... that's hard!

What is design or art for you?

Too big question to answer it here, especially in English!

What do you think about living in Paris?

That's such a great chance. I can't imagine live anywhere else.

What do you usually do for fun?

I see my friends, go to exhibition or at cinema.

Do you eat croissant, baguette and drink coffee everyday?

That's a little stereotyped question ;))) But like most of French, yes, I love all of that, and you can also add the wine and the cheese!!

透过故事主人公的双眼，Ben完整地表达出她忧郁而具悲剧性的个性与人生。

*巴黎私房推荐：🖊

最常出没的地方：

我喜欢玛黑区以及巴黎一些旧广场，例如共和广场、巴士底广场……在那边我可以看到各形各色的人，以及各种文化与时尚活动。

最爱逛的市集：

位于des Halles的广场，在那里你可以找到所有的东西。

最爱泡的咖啡馆/小酒馆：

夏天我喜欢到位于庞毕度中心顶楼的"George cafe"，那里望出去的景色很棒！冬天我喜欢窝在Ladurée细细品尝那里的各式糕点，尤其是Rose's saint Honoré，我的首选，那里的杏仁小圆饼也不赖。

最爱看的画廊/博物馆：

Beaubourg，有很棒的当代艺术收藏。卢浮宫则有来自世界各地的伟大艺术品。

最爱买的小店：

Galignani，是一间很棒的书店。Dubois，巴黎最古老的艺术用品店之一。

Where to find me：

I love "the marais" (in the 3rd arrondissement), the old quartier of Paris with such melting pot of people, fashion and culture.

Favorite market：

The Forum des Halles. You can find everything there...

Favorite café/bar：

On summer time, I really love the "George cafe" on the top of the Pompidou center. The view is absolutely gorgeous! In winter time I love to take a sweet at the "salon de thé Ladurée" at saint Germain des Près. Their Rose's saint Honoré is simply the best cake in the world! Their macarons are not bad too ;)))

Favorite gallery/museum：

I love Beaubourg with it's great temporary exhibitions, it's a very dynamic museum. But I can't ignored the Louvre, the biggest and greatest museum in the world...

Favorite shop：

I love Galignani really a nice library. I also love Dubois one of the oldest and nicest art shop in Paris.

巴黎

线条左右情绪的个性手绘
Stephane Tartelin

Stephane的工作室位于热闹的巴士底广场附近，和其他自由设计师与艺术家分租的这间旧公寓，从墙面蔓延到家具的单一纯白色调，是为了突显墙上挂着的设计师画作，特意开的天窗为这块创意净土导入充足的自然光，在节约能源的考虑之外，更是这些创作人纾解身心压力的小秘诀。在这样的环境里，无论是单打独斗或是和其他人合作项目，都让Stephane有种神助的感觉，灵感常常就在大伙喝酒聊天中窜现。以视觉设计在巴黎小有名气的Stephane，以其特殊的线条走势勾勒出自己结合性感与童趣的幻想世界，无论是黑白或搭配淡雅的色彩，都让人感受他在构图上的强大张力。

*Design Data
品　牌: Stephane Tartelin
手创人: Stephane Tartelin
职　业: 自由插画家
网　址: www.tartelin.com
哪里买: www.tartelin.com

"走过不少城市与国家，单就创作领域，我目前还没感受到很大的文化差异。"

曾受邀到欧洲各地参展，Stephane因为平日就常上网浏览其他设计师的作品，因此所谓东西方的文化冲击，或各民族间不同的生活习惯倒还不曾吓倒过他，对他来说网络与平面媒体大大促进了东西方设计师在创作风格上的融合，地理环境与历史背景所占的影响比例还远不及日常生活与个人概念，"虽然网络就像是一座二十四小时开门的博物馆、画廊，但生活在像巴黎这样的大城市中，还是对设计师有一定的帮助。"

"从有记忆开始，我就总是拿着笔到处乱画了！"

从小就以绘画抒发个人情绪的Stephane，在设计学校接触到制图软件后，更是一头栽进电脑世界里，从制图、修稿、其他产品的图像运用，到行销、接案、媒体曝光等杂务也全都通过网络进行，将生活与创意工作相结合，Stephane完全沉浸在这种结合传统手绘与现代科技的创作模式里，"虽然学校帮我打下很稳的底子，但我觉得实习与后来的实践生活，才是塑造'Stephane风格'的关键。"

"我喜欢尝试不同画风与技术，在各种色彩与造型间做实验。"

线条在Stephane的作品中占有左右调性的地位，将席勒视为艺术导师的Stephane承袭了他掌控线条的手法，再加入自己摸索出的一套方法，因此繁复的线条也能呈现一幅干净有力的画面。Stephane充满个性的画风十分受到厂商的欢迎，不只连续多年帮街头服饰品牌创作，滑板与其他知名设计品牌也纷纷叩门送上合作案，"客户总是说：'你就放手做自己想做的东西吧！'对像我这样的设计师而言，这简直就是天上掉下来的好运啊！"

*手创人大提问Q&A:

艺术和设计对你而言是什么?

因为对艺术的兴趣与从事了设计工作,我知道自己这辈子不用担心会去做其他无聊的工作。设计给了我无限的勇气去克服一切难关与瓶颈。

你也收集其设计师的作品吗? 谁是你的最爱?

我没有所谓的收集狂热,但席勒和克林姆的风格我都很喜欢。

你平常都怎样放松自己呢?

我承认自己有时候会过度沉迷于电玩中。对我来说,自我放松最好的方式还是旅行。

周末的时候,我喜欢和朋友喝喝红酒、听演唱会、画画、上网看其他人的作品找灵感。

你觉得住在巴黎的生活如何?

我在巴黎的郊区长大,一直到十五岁左右才因为念书搬进市区,巴黎的环境对我的画风与设计工作都有很大的影响。如果我这辈子一直住在郊区的话,大概永远都无法接触这么多新鲜有趣的资讯吧。对于学创作的人来说,如果没有办法常常接触新的东西,那么作品大概都很俗或很无聊吧,哈哈。

你每天都吃可颂面包、法国面包和喝咖啡吗?

没有,这种画面我只有在好莱坞电影里看过。

What is art for you?

It gives me the chance to not do a boring job all my life and give me some courage when things go bad.

Do you also collect other artists' products?

I'm not so much into collecting but I would kill one or two people for an original of Egon Schiele or Gustav Klimt!

What do you usually do for fun?

I play too much at video games but the best to relax is traveling. And on the weekends, I drink some wine with my friends, go to concerts, drawing, doing nothing also is important! And hunting new artists or photographs on internet to have some new inspiration.

What do you think about living in Paris?

I grow up in suburbs of Paris, I came here when I start the graphic design school. Yes the environment was important for me, I didn't see so much interesting and exciting when I was in suburbs. And if you don't have easy access to any cultural stuff you have a risk to became a sheep and do boring stuff ha ha...

Do you eat croissant, baguette and drink coffee every day?

Hmm no, I see only this in American movies :)

A | B

A. 淡雅的色彩中, Stephane以简单的构图描绘脑中的幻想世界。

B. 以对比强烈的前后景色彩表现带点童趣的主题,从整幅作品中不难看出宫崎骏对Stephane画风的影响。

*巴黎私房推荐: 🖊

最常出没的地方:

我住的这一带(La butte au caille),是很多学生聚集的地方,有许多便宜的酒吧,很有文化村的感觉。

最爱逛的市集:

我常逛中国城这一带,有不少露天市场或传统市集,在那里可以找到许多别处看不到的蔬果。

最爱泡的咖啡馆/小酒馆:

我没有特定会去的咖啡馆或酒馆,不过我常在工作室附近的Le Bistrot du peintre吃饭或喝酒。

最爱看的艺廊/博物馆:

卢浮宫。我常常会在那里逛到不知道现在是几点,很美的一个地方。星期三它开到晚上十点。晚上人少,可以让我慢慢品味那里的收藏品。

最爱买的小店:

全都是和插画或图像设计有关的: La Hune 和The Lazy Dog。

Where to find me:

I'm living at the district "La butte au caille" which is really a nice place with many cheap bars, quite a student place but with a village atmosphere.

Favorite market:

I live near the Chinese district where I like to do some shopping sometimes with fruits we can't usually find in Paris.

Favorite café/bar:

I don't have a favorite one but I like to eat or drink at "Le Bistrot du peintre" which is near my studio.

Favorite gallery/museum:

Le Louvre, I can stay hours drawing there, beautiful place. It is open until 10 p.m. on Wednesday and Friday evenings, there is less people so it's more quite.

Favorite shop:

Graphic design library: La Hune, The Lazy Dog.

A |
B |

A.《The Cloud Maker》在清淡的用色中以简单线条勾画出整幅画的主角,让人自然地将注意力集中在桃红发色的小女孩身上。

B.《Give me a Cloud》规则的背景图案让观赏者的视线整个集中在手绘线条的主图上。

法式街头涂鸦
Amelie

巴黎

当巴黎的高级订制服装风靡全球的同时，有另外一群当地的年轻设计师也开始朝限量设计或量身制作的方向去经营自己的品牌。不同于名牌大师的设计风格，他们讲究的是更为实穿，且能显出顾客个性的创作手法，其中Amelie以街头涂鸦的风格，结合20世纪80年代的各种色彩元素与流行概念，直接手绘于服装上的做法，更受到许多音乐创作人与地下艺术爱好者的欢迎，Amelie结合演唱会与Party的新品发表会更是场场爆满，直接为她的人气加分！

*Design Data
品　　牌: Any Many
手创人: Amelie "Funky Am'"
职　　业: 造型师、涂鸦艺术师
网　　址: www.myspace.com/anymanyofficialpage
哪里买: www.myspace.com/anymanyofficialpage

"在我们那年代玩涂鸦的人都比较优秀……哈哈！"

虽然父亲不是艺术家，但Amelie在他的培养下，从小就对绘画展现出极高的兴趣，从学生时代起便是巴黎街头的涂鸦名人之一，虽然主修雕塑与古典艺术，但她的涂鸦作品中却蕴含着摄影与街头艺术对她的影响。毕业后的Amelie转攻造型设计领域，在造型工作室里帮忙打造明星与模特儿的上照行头，"在做造型的时候我常常思考如何将街头涂鸦的兴趣，与服装设计相结合。"凭着那段时间所累积的人脉关系，Amelie在2005年正式成立了自有品牌。

"因为自己不喜欢和别人撞衫，才会想要进行手绘订制服装的创作。"

从水泥墙到棉质布，Amelie或许转换了创作素材，但对涂鸦的崇拜与对街头风格的热爱却丝毫不减。"订制服装可是比一般服装设计要更花心思与时间呢！"为了完整表现出客户的穿着品位与人格特质，Amelie在创作前总是花许多时间去认识每个客户，在为其挑选可以显现个性的服饰后，才开始进行构图的作业，但从构图到完稿中间又是一连串的沟通与协调。"女生本来就比较好画，再加上我自己也是女孩子，所以才会常常以此为创作主题啦！"从镜子里反射出的身影，到街上往来的行人过客，Amelie不断地撷取女生的各种特质与小动作，再和她最爱的20世纪80年代嘻哈风相结合，夸张的构图与有力的色彩，成了她的创作特色。Amelie凭着精准的观察力与独到的时尚品位，逐渐建立起品牌名声。

*手创人大提问Q&A:

你觉得设计或艺术是什么?

两者都是能有效传递内心感受的方式。

你也收集其他设计师的作品吗? 谁是你的最爱?

我当然也在收集其他人的作品！我也常常帮喜欢的设计师免费做宣传，通常我身上穿戴的T恤或首饰都是这些人的创作。我最欣赏的设计师是Jean Charles。

你觉得住在巴黎的日子如何?

住在巴黎是件很棒的事情！常旅行的我虽然去过许多城市，还是无法想像如果有一天不住在巴黎的话，生活会变成怎样。在我眼里，巴黎是座充满生命力的城市，你永远都不怕没事做。我很喜欢那种被时尚潮流与艺术文化包围的生活。

你平常都怎样放松自己呢?

听音乐、看电影(尤其是史派克李或Michel Gondry所导的片子)、喝酒、跳舞。

你每天都吃可颂、法国面包和喝咖啡吗?

没错！我每天都吃地道的法式早餐！但是我都喝热可可，不喝咖啡。我也很喜欢吃巧克力可颂或巧克力卷哟！

What is art for you?

A way to show strong expressions...

Do you also collect other artists' products ? Who's your favorite artist?

Oh yes, sure!! And I like to make promotion for them, so I often wear their tshirts, accessoires or other creations.

What do you think about living in Paris?

Its fantastic to live in Paris... Even I like travelling and explore other cities, I could never quit paris, I always come back to... in my eyes its a city that always moves, there is always something to do, fashion and art is always around you and I like that...

What do you usually do to relax yourself?

I listen to music, go to the cinema (I love the cinema, especially the movies of Spike Lee and Michel Gondry), and I go to clubs a lot or to bars with friends.

Do you eat croissant, baguette and drink coffee every day?

Yes, every day for breakfast.I dont drink coffee but hot chocolate. I also like chocolate bread.

巴黎

艳丽刺青画派手绘
Sunny Buick

成功地结合刺青与手绘艺术，出生于加拿大，走遍洛杉矶、旧金山与其他欧洲城市，最后终于被巴黎黏住的Sunny通过画笔与纸，发掘出每个女人内心深处坏坏的一面，并重新诠释生与死的定义。画风与装扮同样戏剧化的Sunny将工作室设在巴黎著名的学区内，附近浓厚的文化气息，与弥漫在空气中的自由气氛，就像她旧金山的老家一样，让她能尽情挥洒各种大胆而疯狂的创作点子。

*Design Data
品　牌: Cannibal Bonbon、A La Belle Pique、Classic Hardware、Nookart
手创人: Sunny Buick
职　业: 画家、刺青艺术家
网　址: http://tropicaltoxic.blogspot.com
哪里买: Outre Gallery、L'art de Rien、Cry baby Gallery、Harold Golen Galler

"我并没有刻意钻研某种表现手法，只是自然而然地让心中的想法在纸上成形。"

被身为艺术家的单亲妈妈拉扯长大，无论是刺青或绘画，Sunny总是采取自学的方式，将面对生命的态度与生活风格融入创作中，使得作品拥有某种特质，让人一眼就知道是出自Sunny之手。"绘画和刺青对我来说是正向与逆向两种不同的思考模式。"在旧金山湾区的工作室内，Sunny展开刺青艺术家生涯，每天从顾客所提出的各种要求中，寻求创作的灵感，最后再表现在人体上，为了平衡这种单向思考的大脑刺激模式，Sunny开始在闲暇之余进行手绘，让心带领大脑与手去创作，因而意外地发掘出这种另类放松身心的方法。Sunny的绘画风格受到刺青艺术在颜色与线条表现的影响，但通过两条不同的灵感发展路线，Sunny成功地切割开刺青创作中常见的文字与粗犷的图腾造型，与画笔所勾勒出的幻想故事。

"墨西哥人对死亡的崇拜，对我造成不小的影响。"

在墨西哥色彩浓厚的加州长大，不只饮食文化，就连他们的生活习俗与思维模式都在Sunny的生命中占有一席之地，因此代表每个人灵魂、个性的骷髅头成了她画中常见的题材，繁复的花纹与艳丽的色彩非但不让人感到悲伤或恐惧，更萌生一种欢愉的气氛，"生与死是种循环，如果死亡能够让一切归零，那何尝不是件好事呢？"如同她对生命的看法，Sunny对于女性也有另类的认知，强调世间万物的不完美，从缺陷美出发，通过不同角度的观察，她发掘出女人内在的终极美感，通过不同的作品主题，创作出Sunny专属的美学世界。从事艺术创作许多年的Sunny的作品在美法两地的画廊与媒体上的曝光率极高，但她仍旧不断地自我突破，"将来我希望能够通过3D或动画为自己的作品注入更顽强的生命力！"

*手创人大提问Q&A：🗨

创作过程中你所面临最大的难题是什么？

完成手边的创作以及某些特殊的绘画技巧。

去过不同国家后，哪里是你的最爱？

到现在为止我还没机会拜访亚洲国家，所以目前我最喜欢的国家还是法国。

你觉得住在巴黎的日子如何？

这里的生活是我重要的灵感来源，我深深地爱上了这座城市。即使在巴黎住超过了五年，每当我走在旧巴黎城区时，还是有股莫名的悸动，光线的走势、老旧的建筑物、缓缓的河水……真是浪漫到极点！我也很爱巴黎人的口音、美食、时尚、我的朋友以及我最亲密的家人！

你平常都怎样放松自己？

看电影、参加摇滚乐演唱会、逛逛跳蚤市场或去旅行。

你每天都吃可颂面包、法国面包和喝咖啡吗？

没错！

What's the most difficult part of creation for you?

Finishing the image and certain painting techniques.

For traveled in so many different countries, which one is your favorite ?

France! But I haven't been to Asia yet.

What do you think about living in Paris?

Paris is a great inspiration for me. I'm in love with this city. After almost 5 years I still get this swelling feeling in my heart when I'm walking in the old parts of town. The way the light falls, all the old buildings, the river, I find it all so romantic. I also love the language, the food, fashion, my friends and family.

What do you usually do after work?

I work some more, watch movies, go to rock n roll concerts.

Do you eat croissant, baguette and drink coffee every day?

Yes!

*巴黎私房推荐：✐

最常出没的地方：
    巴士底广场。

最爱逛的市集：
    Le Grande Epicerie。

最爱泡的咖啡馆/小酒馆：
    Le Cannibale。

最爱看的画廊/博物馆：
    Le Carnavalet。

最爱买的小店：
    Deyroll(一家标本专卖店)。

Where to find me：
Bastille.

Favorite market：
The supermarket in Bon Marche.

Favorite café/bar：
Le Cannibale.

Favorite gallery/museum：
Le Carnavalet.

Favorite shop：
Deyroll (taxidermi store).

A | B
C | D

A. Sunny将死亡视为人生必经阶段，值得加以美化、庆祝。

B. 靠自学与不间断的创作磨炼出自己用色大胆、造型华丽而抢眼的画风。

C. 采光明亮的窗边，是Sunny作画时的专属位置。

D. 工作室里Sunny认为最"巴黎"的一角。

Chapter 3

03 创意服饰类

优美环保的二手衣创作提包
Rachael Hampton

Rachael位于巴黎市区的工作室里摆满了从世界各地所搜集的回收布料与特色旧衣，以及与视觉设计相关的各类书籍，个性热情却处事低调的Rachael坚持工作室不对外曝光的原则，希望借着创意市集与大众面对面接触，直接吸收顾客对时尚设计的看法与需求，并让人们有更深入认识她的机会。以巴黎快红独立设计品牌的创意人自居，将自己结合北美与欧洲多重文化的背景融入创作中，强调自然清新风格与环保回收概念，以独到的艺术品位与视觉观点，塑造出二手衣的另一番风貌。

*Design Data
品　　牌：Rajul Paris
手创人：Rachael Hampton
职　　业：多重文化混搭元素时尚设计师
网　　址：www.rajul.fr
哪里买：网络、La Penderie's

"我是在艺术包围下长大的小孩。"

二十年学习芭蕾的时光，培养出Rachael对生活艺术与美学的独特品位，离开学校后接触到的视觉设计与摄影工作，更让她清楚地体会到无论是设计还是艺术都立足于视觉之上。受到巴黎时尚氛围的影响，来自美国的Rachael决定在这里自立门户，选择寓意深远的印度文字为品牌名称，将拥有多重文化性的艺术手法运用在时尚设计中，以视觉设计统合艺术与设计的范畴，赋予作品全新的生命，如同品牌名称一样，让人看了就有打从心底幸福起来的感觉，"Rajul代表'充满爱'的意思，以巴黎为起点，我希望让全世界各角落都充满着爱！"

"对于我这种随时都有新点子的创作人来说，潮流是创造出来的而不是盲从跟随的！"

与其讲究每一季的主题或时尚潮流，Rachael更强调设计的冲动与感动瞬间的呈现，用心品味生活的每一刻，在素材原本的颜色、图案与质感刺激之下，激发出无限的设计灵感。以创作包款与首饰为主，Rachael的设计平实而清新典雅，无论是旧衬衫、回收童装，或是毫不起眼的纽扣、胸针，在她巧妙的剪裁与组合下，都重新排列出令人惊艳的色彩与造型，叫每个年龄层的女生看了都会怦然心动，"我相信看似平凡的东西也能有不平凡的表现！"

"管他是BOBO族还是NONO族，我相信同为女人的我抓得住女性消费者对于时尚美学的需求与品位。"

在巴黎众多穿衣派系中，Rachael无论在首饰还是在提包创作上都坚持小量而精致的生产，以别人无法抄袭的混搭精神，手工制作出风格独具的作品。

*手创人大提问Q&A: 💬

你有收集其他设计师或艺术家的创作吗？谁是你的最爱？

我不崇拜名牌，我喜欢复古设计或二手衣创作的年轻设计师，现在我大都在网络上或到其他国家旅行时才会买衣服。

你平常都怎样放松自己呢？

周末这个词几乎不存在于我的字典里，只要工作进度许可，星期三、星期四也可以是我的周末。但我绝不是工作狂，我也喜欢旅行或在凌晨四点在巴黎街头骑脚踏车闲逛。我也会和朋友聚餐开Party或是到其他国家去旅行，但我放松身心的秘诀，就是伴着爵士乐边喝爱尔兰咖啡边做白日梦。

你喜欢在巴黎的生活吗？

不只生活，我也喜欢在巴黎工作。这座城市可说是文化的大熔炉，是整个欧洲的中心，住在这里我想到哪里旅行都很方便。在巴黎住十年之后，我发觉这是最对我胃口的城市。

你每天都吃可颂面包、法国面包和喝咖啡吗？

看心情而定，有时候我喝咖啡有时候喝茶，但法国面包是我每天不可不吃的重要粮食！

Do you also collect other designers' products? Who are your favorite designer/ brand?

I don't like the big brand name store. For me it less personal and un-unique, I prefer small independent designer that make themselves or re-use vintage fabrics and clothing. I buy all my clothes on Etsy.com or during my travels to different country.

What do you usually do for fun?

To relax I love to have Irish coffee, listen to some jazz music and daydream. For fun hangout with friends or dinner party, bike riding in Paris 4 am in the morning + traveling. On the weekends I work for myself. I have 7 days weeks. So weekends the word doesn't exist for me. Depend on my schedule my weekends could be the Tuesday or Wednesday. I always try to have fun, I like to walk to street early in the morning when none is outside. Right at the time when the Green men come out to clean the street. There is something magcial at that time. Also I try to take weekends trip to other countries.

What do you think about living in Paris?

I love living and working in Paris. It's a melting pot of different culture. For me it in the center of Europe, easy to travel to other countries. After I living here over 10 years, I feel this is the only city fits me.

Do you eat croissant, baguette and drink coffee every day?

I am between a café or tea, depends on what days and I do eat a Baguette as a tradition every day.

*巴黎私房推荐: ✐

最常出没的地方:

我常逛Divan du monde, 在7 Lezards看爵士表演, 在Zoo zen吃饭和在玛黑区和巴士底那一带闲逛。

最爱逛的市集:

La marché d'Aligre。

最爱泡的咖啡馆/小酒馆:

哦, 有很多耶! 我喜欢像la bellevilloise和Point Ephémère这些艺术气息很重或是有音乐表演的酒吧, 以及某些红酒吧。

最爱买的小店:

在巴黎住这么多年后, 我还没遇到自己最爱的店, 因为大部分我一开始很喜欢的地方, 可能半年就感觉走调了。我比较喜欢逛创意市集, 因为我可以找到自己喜欢的东西, 也可以和设计师交流。

Where to find me:

Divan du monde, 7 Lezards, Zoo zen, la Marais and Bastille.

Favorite market:

La marché d'Aligre

Favorite café/bar:

Wow there are so many... I love the wine bar in Paris + the alternate expo art bars combining different concepts. Such like the la bellevilloise and Point Ephémère.

Favorite shop:

It's hard to pick a favorite shop, because things change so often I am more into the Expos Design fair in Paris. I have a chance to meet the person who makes that article. For me it's like creating history and passing it down to someone else.

A | C
B | D

A. 在不同素材中寻找平衡点, Rachael总能将各种元素相融合后, 走出自己的风格。

B. 将二手童装重新打版剪裁后, Rachael创作出带点少女粉嫩色彩的各式手提包。

C. 飘逸纱质二手衣经过Rachael的手, 就成了色彩粉嫩又好用的时髦提包。(图片提供: Rachael)

D. 采用不同颜色的皮革与印有和风花纹的布料, Rachael成功地设计出典雅而时髦的女用提包。(图片提供: Rachael)

充满东方风情的细腻饰物
Isabelle Gaudart de S.

巴黎

先在巴黎的特色小店里认识了Zabelou，才进而在市集上认出Isabelle。住遍法国大城小镇，也曾在巴黎待过很长的一段时间，但最后Isabelle还是选择跟随未婚夫前往中国苏州。未知的生活与陌生的国度叫她紧张万分，但对于能够近距离接触她最爱的东方文化，Isabelle还是忍不住地因此感到兴奋。坚持包头包尾的手创精神，从图稿、选布、印刷到后制加工全部一手包办的Isabelle，结合手工印刷与服装设计，融合东西方时尚美学的观点，发展出带有亚洲禅风及日式可爱风格的独创配件式设计款，为休闲服饰带来多元风貌，并进而在法国少淑女社交圈里掀起一阵旋风。

*Design Data
品　牌：Zabelou
手创人：Isabelle Gaudart de S.
职　业：织品设计师、配件设计师
网　址：http://www.zabelou.com/
哪里买：网络、Green Emotion，以及圣艾提安

"法国人只有在选配件的时候，用色才忽然大胆了起来！"

在里昂与巴黎的艺术学校进修，毕业前就已经体验过织品设计师、时装创作人与摄影工作者的多重身份，离开学校后的Isabelle决定自立品牌延续学生时代就开始的相关创作，以丰富的彩色配件平衡法国人在服装上普遍性的低沉色调，除了胸针、发饰等小东西外，Isabelle也大胆地将日式袱巾与传统袖套的概念导入创作中，为现代女生讲求个性与独特性的穿着风格营造更多混搭乐趣。完整重现法国的传统印刷精髓，Isabelle运用在里昂所学到的技艺，将自己平常画下的各类花卉图案与地道东方图腾，以鲜嫩的色彩呈现在精挑细选的印花布上，"虽说是很亚洲的造型，却又有淡淡的法式浪漫，这就是我要的感觉。"

"如果不是巴黎人运用从巴黎买来的原料所设计出的东西，怎么可以挂Made In Paris的牌子呢？"

强调当地创作感，Isabelle表示即使到了苏州也要延续Zabelou的创作，虽然当地可以买到便宜而多样化的布料，但她还是坚持请住在巴黎了解她喜好的朋友，代为采购布料寄到苏州，待她制作完毕后再将成品寄回法国的顾客手中，面对成本的增加Isabelle仍旧坚持自己的理念，或许在设计风格与图案表现上会就近受到中国与其他亚洲国家的影响，但在品质掌控上，她决定要为长久以来鼓励与支持Zabelou的粉丝们捍卫到底！

A | B
C | D

A．将设计图案网印在布料上制作成的特色发饰，充满清新典雅的气息。(图片提供：Isabelle)

B．从日式袱巾中取得灵感，Isabelle从法国设计师角度重新诠释的和风配件，在日本受到不少女性的欢迎。

C．Isabelle工作室中到处都是新调色完成的颜料与刚印刷好的织品。(图片提供：Isabelle)

D．结合摇滚与日式可爱风格的胸针，很受巴黎年轻人的欢迎。(图片提供：Isabelle)

136

*手创人大提问Q&A: ９

设计和艺术对你来说是……

设计带给我更多生活乐趣，而艺术则触动我的体内与精神层面的感性细胞。

你也收集其他设计师或艺术家的作品吗？

有时候我会买巴黎一些年轻艺术家的创作，例如La Marelle、Lina Ploum、La Fille du Consul等。

你觉得巴黎的生活和法国其他的城市比起来有哪些差别呢？

念书的时候我曾经住在巴黎三年，后来因为私人因素搬回圣艾提安，但是因为工作或和朋友碰面，我还蛮常回巴黎的。巴黎是时尚之都，浑然天成的美景，街上的特色店家，经典或前卫的博物馆、画廊……在巴黎的每一天都给我许多创作点子，也充满了各种压力，相较之下我喜欢现在住在郊区但偶尔到市区的生活。

平常你都怎样放松自己呢？

我打电动游戏、看漫画、看电视或是在巴黎散步(夜巴黎真的很美)。周末的时候我常和朋友一起去看展览、逛博物馆或是找间餐厅享受一下。此外，我也很爱跑演唱会，尤其是杀手乐团……

你每天都吃可颂面包、法国面包和喝咖啡吗？

不是每天吃，但经常这样。我们法国的面包糕点真的很美味。

What is design or art for you?

I think design is a way to have more fun in the life and art speaks to sensitivity and spirituality.

Do you also collect other designers' products?

I don't collect other designers' products but I buy sometimes products from young Parisian designers like La Marelle, Lina Ploum, La Fille du Consul...

Since you don't live in Paris, what do you think about the different life style in your city and Paris?

I lived in Paris during my studies 3 years long and for personal reasons to Saint Etienne. Paris is a fashion capital, everything is inspiring, you can see everywhere very nice shops, museums... the trends of tomorrow. It gives me lots of ideas. But it is also a lot of stress and I am happy to see Paris only time to time and to live in Saint Etienne.

What do you usually do to relax yourself and for fun?

I play video games (wild world animal crossing), I read manga, I watch TV and walk in Paris, the night in Paris is so beautiful! On the weekends I use to meet my friends, go to exhibitions, museums, to find nice restaurants, I go to music concert (The Killers and M...).

Do you eat croissant, baguette and drink coffee every day?

Not every day but very often. The French bread is so good!

从解剖学联想出的刺绣绢印女装
Raya kazoun

巴黎

第一眼在市集上看到Raya的刺绣披肩，就被她精细的做工与特殊的质感深深吸引。小山丘上圣心堂旁的Ter Ter广场是文人画家最爱的聚集地，也是Raya工作室的后院，幸运的她在一屋难求的蒙马特这一区，居然能够搬进坐拥巴黎无敌夜景的宽敞旧公寓里。在艺术、美景的环抱中Raya的创作灵感自然源源涌出，反映在她风格独具的作品里。或许是身体里的希腊血统作祟，Raya结合绘画与刺绣的丝品创作，总是带给人一股莫名的典雅质感。

*Design Data

品　牌：RK
手创人：Raya kazoun
职　业：艺术家、设计师
网　址：www.rayakazoun.com
哪里买：www.rayakazoun.com

138

139

"新世界在哪里，我就要去哪里瞧瞧！"

出生在瑞士却在艺术的诱惑下成了巴黎的新移民，偶尔面临的文化冲击虽然是Raya极欲克服的问题，却也对她的创作带来了正面的影响。从研究艺术史与室内设计的过程中，Raya发掘出自己在绘画与服装设计上的热情与天分，因此来到巴黎后，她以独立设计师的身份接案累积经验，并在不久前推出"RK"这个品牌，以多样化的色彩、突破性的造型与极度女性为主要诉求，并强调作品的装饰性，Raya延续纸上作画所发现到的水彩特殊纹理，改用效果与纸材最相近的丝绸为主要素材，先是推出一系列打破传统女装版型的创作服饰，紧接着又将刺绣与水彩画相结合，通过层层上色与手绣技术，细致地呈现出设计图稿上不同的明亮层次与色彩饱和度。

"设计原本就该照着季节与时间做不同的调整与变化。"

还在制作这一季作品的同时，Raya便不断为下一季的创作进行构思，并在不同主题间找出共通性，塑造出独一无二的品牌形象。生物结构体到目前为止贯穿了Raya的设计生涯，最初从医学解剖书上所得到的灵感，巧妙地被她转换为雅致的图案，漾在她缝出的胸针与披肩上。"披肩可不是老女人或淑女的专利！"看中披肩在服装搭配上的画龙点睛效果，Raya改良传统版型并搭配合宜的轻软布料，成功地扭转一般人对于披肩的刻板印象，带有手绘与刺绣花样的披肩作品不仅双面各有不同款式设计，更多了新穿法，披肩、背心、洋装，一衣三穿的新概念，让Raya的披肩成为巴黎女人的抢手货。

*手创人大提问Q&A:

设计和艺术对你来说是……

我觉得所有艺术品都是创作者内心世界的呈现，作品完成的那一刹那创作者不仅把一种新观念导入旧生活中，也把一部分的自己投进其他人的生活里。

你也收集其他设计师或艺术家的作品吗？谁是你的最爱？

我喜欢20世纪初的设计风格，收集了一些复古包和耳环。我买东西通常还是针对商品本身，并没有特别迷哪个牌子。但在设计师方面，我喜欢Christian Lacroix的手绘设计、山本耀司对于整体造型的掌握、Marni讲求当代风华的时尚品位，以及Andrea's Crew通过作品所流露出的童真与幽默感。

你觉得巴黎的生活和法国其他的城市比起来有哪些差别呢？

简单却很有质感、很女性化。

你曾经想过放弃创作这条路吗？

从来没有，我无法想像自己从事和造型或色彩无关的工作，我想我就是长不大的小孩吧！

你平常都怎样放松自己呢？

不一定呢。我常和朋友去喝酒、跳舞、看展览，或是在市区闲逛。我喜欢买书、看书以及作瑜伽。

你每天都吃可颂面包、法国面包和喝咖啡吗？

没有，我喝茶。

What is design or art for you?

Any kind of artistic creation is a way of expressing ones inner world. When you create something it's like giving life to an idea, it's a part of you that you put out in the world.

Do you also collect other designers' products? Who's your favorite designer/ brand?

I collect vintage bags and earrings. I like early 20th century designs. I like majorly Christian Lacroix's textile drawings and Yohji Yamamoto's shapes. Marni for their contemporary views on fashion. Andrea's Crew for the innovative and fun items.

As fashion designers, what's the Paris fashion style for you?

Paris fashion can be simply qualified as feminine.

Have you ever thought about stopping design? How did you get over that ? What brought you from Switzerland to Paris?

No, I can never see myself doing anything else than a work related to shapes and colors, I still muss be a kid!

What do you usually do to relax yourself and for fun?

I meet up with friends for drinks, exhibitions and dancing, or just wonder around the city. I like to buy books. I also practice yoga .

Do you eat croissant, baguette and drink coffee every day?

No, I drink tea.

A | B

A. 从商品到包装，Raya重视整体形象的建立，因此为了呼应解剖学的主题，就连东方古老医学用书的内页都被她运用在包装盒内的衬纸上。

B. 从心脏到眼球构造，Raya大胆地将医学与时尚相结合，前所未见的创作主题，成功地在巴黎时尚界引发话题。

亚洲色彩概念的实穿服饰
Nguyen Ngoc Han

巴黎

紧邻闹市区的巴黎老公寓是Han与老公的小窝，也是她专属的创作空间，狭小的环境在Han的巧思安排下，温馨中弥漫着一股低调的华丽，反映出Han独到的美学概念。在越南出生长大，却为了追求自己的设计梦想而来到巴黎，Han察觉出法国女装色彩典雅、剪裁保守的特色，她改以亚洲国家才有的独特色彩，与家乡田园间常见的自然景象，一针一线地缝出自己的时尚版图。细致做工与高级用料让Han的作品在创意市集上出尽风头，虽然作品早已进驻法国各地著名的高级服饰店中，但Han还是喜欢在市集上面对顾客，倾听他们的需求。

*Design Data

品　　牌: Les.nguyen
手创人: Nguyen Ngoc Han
职　　业: 服装配件设计师
网　　址: http://www.les-nguyen.com/
哪里买: KIT A PLAIRE、7 Familles、里昂、网络

"在创作的过程中我也常常自己问自己到底还要不要继续下去……"

秉持着对设计工作与时装的热爱，Han从大学毕业后便决定移居巴黎，在人生地不熟的情况下，凭着一股冲劲，在ISSA展开时尚创作的生活。Han在学校的优异表现让她赢得与知名设计师Lily Latifi合作的机会，连夜赶工制作出的一系列服装，不仅在Latifi的店里获得顾客的大大赞赏，Latifi本人更特别提出再次合作的邀约。几次特展下来，Han便决定集结过去的作品，推出Les.nguyen这个专门为上班族女性量身打造的时装品牌。"我想我对创作与服装的热情应该是天生的吧！要我放弃可能比登天还难！"

"Les.nguyenES讲求潮流、原创、简约，在休闲中带着高雅气质！"

从成长环境与生活周遭寻求灵感，Han融合越南的传统艺术特色与法式典雅风情，运用简单的剪裁与原创色彩，创作出质感舒适、款式时髦而流露出十足女人味的系列作品。"独立而具有个性的女人，是我设计时的假想模特。"强调作品的实穿性，考虑到现代女性常出入的场合，Han的创作服装适合OL的办公打扮，也适合下了班后上餐厅、去夜店的需求，"我希望穿上Les.nguyen的女人，都能展现自己的特殊魅力与时尚性格。"

*巴黎私房推荐：

最常出没的地方：

我喜欢巴黎街头那些很有味道的咖啡馆和餐厅，尤其是十六区的BON。偶尔有空的时候，我也会去夜店消磨夜晚的时光。

最爱看的艺廊/博物馆：

我喜欢第八区的Galliera，虽然这座博物馆不大，但大部分的展览都与服装设计有关。此外，我也常去逛玛黑区的画廊，那里的展览大都有一定的水准，且展览主题更换得很频繁。

Where to find me：

I like the romantic cafés and restaurants in the city, like the reastaurant BON in the 16th.When I got time, I also love to spend time in clubs.

Favorite gallery/museum：

One of my favourite museum is GALLIERA in the 8th. Most of the exhibitions there are about fashion. The museum is not too big and nice to visit.I also like the small art galleries in the quarter of Marais. You can find there very nice things and the collections are changing often。

从越南家乡的自然美景中取得灵感，Han创作出以蝴蝶为主题的系列女装。特殊用料与东方特有的色泽是Han在这一系列作品中的设计重点。(图片提供：Han)

*手创人大提问Q&A: 🗨

你也收集其他设计师的作品吗？

　　我不是那种追求名牌的人，买衣服的时候我注重的是原创感，所以我比较常去年轻设计师所开的店里寻宝。但有时为了出入特殊场合，我还是会买些时尚大师的礼服作品，例如：Dior的John Galliano、Paul&Joe或是Viktor & Rolf et Christian Lacroix。

身为服装设计师，你觉得怎样穿最具法国或巴黎的风格？

　　法国人的衣着特色就是在典雅中混搭不同民族的时尚特色，这点在巴黎最为显著，巴黎人对于原创概念与用色的讲究，也塑造出所谓的"巴黎风"。就我这几年的观察，我觉得巴黎的年轻人对于外来文化的接受度很高，且总是有办法组合不同元素，抓出自己的穿衣风格，或许不符合当下的流行趋势，但是却很有个人特色。我想，他们大概一生下来就知道要怎么穿衣服吧！

你喜欢在巴黎的生活吗？

　　巴黎的生活充满压力，但我却无法离开这里，听起来还挺浪漫的吧！巴黎很有活力，不断地有新展览推出、新的精品店开张或是有些我还没去过的地方。在这里我有机会遇到不同的人诉说各自的故事。

Do you also collect other designers' products?
In my dresses, I am looking for originality. I like to check private sales of young designers or boutiques, where special or new things happen. Big designers who inspired me and what I am wearing for some spcecial occasions are John GALLIANO for DIOR, Paul & Joe, Viktor & Rolf et Christian LACROIX.

As a fashion designer, what's kind of dressing way do you think is French or Paris style?
The way how french dress themseles is very classic, but mix of different cultures ,especially in Paris. People here bring a lot of color and originality into the style which build up what we called "parisien". As a designer I found out that the young generation here is easily to adopt new things that are from outside and then create their own style without following all the new trends.I think the French got a good taste for the dressing style.

What do you think about living in Paris?
I think it's quite stressful. But I can't leave this city anymore, Paris is moving all the time. There is always a new exhibiton to see, a concert, a new boutique which opened, a small area that was unknown before... It's a very cosmopolitan city where you can meet a lot of different people with many different life style and stories.

淡雅清新的法式女服
Séverine Balanqueux

巴黎

Séverine的工作室在中国城附近，周围多元的文化与丰富的民族色彩，让Séverine工作起来灵感加倍。与其他手创人一起合租的创作空间兼具展放与工作室的功能，让Séverine在与设计同好分享创意点子之余，也能轻松面对上门的顾客。累积多年对当代艺术与视觉设计的工作经验，Séverine的文具创作更具视觉性，脱俗清新的设计就像俊雅的小品文，点缀现代人琐碎的生活。延伸杂货设计的特色，Séverine的创作服饰采用纯天然布料，以简单的剪裁方式展现女性复古典雅的气质。

*Design Data
品　牌: titlee
手创人: Séverine Balanqueux
职　业: 杂货、配件与服装设计师
网　址: http://www.titlee.fr/
哪里买: Atelier Beau Travail、French Touche、法国其他城市、日内瓦、悉尼

"Titlee的设计商品给人的感觉就像蝴蝶一样轻轻柔柔的,很舒服。"

自从利用蜜月旅行的机会去了印度后,Séverine就对当地文化与色彩产生极度的兴趣,因此她取印度文中带有蝴蝶含义的Titlee为品牌名称,Séverine不仅是纪念品牌概念的诞生地,也希望自己带有丰富色彩的作品能给人清爽舒适的视觉效果,"而且我认为,两个e结尾的拼法看起来很有意思。"

"因为原本的公司关门了,所以我才有成立Titlee的机会。"

主修历史与当代艺术的Séverine从学校毕业后,先后在庞毕度中心与其他画廊里工作,趁着工作的空档,她也开始进修服装制作的相关课程。长久以来的画廊工作随着公司的倒闭而结束,抓住这个机会,Séverine成立了Titlee,以独立品牌的方式游走于各大创意市集与特色杂货商店。主打舒适实穿纯天然,Séverine的创作款式以居家休闲服为主,甜美清新的气质、丰富饱满的色彩与带点复古风味的剪裁方式,很快地便为Titlee打出知名度。除了时装设计外,文具杂货是Titlee的另一项商品线,Séverine将摄影师老公的拍立得作品,结合自己的简单手绘图案后,运用在纸卡、磁铁、信纸等创作上,淡雅的法式风味同样受到当地人的喜爱,"我觉得可以和老公一起创作是最开心的一件事。"

A | B | C

A.保守而典雅的设计女装在袖口与口袋边缘稍作装饰,平实中带点华丽色彩,是Séverine的设计在日本与法国本地受欢迎的主要因素。

B.C.纯天然材质是Séverine对素材的讲究,朴实而简约的设计永远都不会过时。

*手创人大提问Q&A:💬

身为设计师,你觉得建立起设计风格最好的方法是什么?

做自己喜欢与想做的,不要被流行趋势左右。

你喜欢在巴黎的生活吗?

我热爱这座城市、特色建筑、多元文化以及各区不同的风貌。在这里你很容易就能找到各种不同的东西,从各式印度香料,到北欧设计师的作品……若有时间慢慢地品味巴黎各区,你绝对会有新发现,不论是宁静的角落或是年轻设计师新开的店。虽然生活在巴黎也有缺点,例如房租总是很贵、地铁站里人们总是很冷漠等,但这是我所热爱的城市,住在这里的每一天都让我很开心,我从不曾感到无聊。

你每天都吃可颂面包、法国面包和喝咖啡吗?

法国面包和咖啡是我每天生活的必备品,但可颂面包我通常都留到周末比较有空的时候才会和我老公慢慢享受。

As a designer, what do you think is the most important thing to help you setting up your own style?

To express yourself freely and design what you like, ignoring the fashion tendances.

What do you think about living in Paris?

I love this town, the architecture, the melting pot of cultures and the different ambiances of its all districts. What is great in Paris, is that you can find more or less anything you're looking for, an Indian spice or a Scandinavian design chair for example. If you take the time to explore a district quietly, you can discover fabulous places, but in the same time, Paris could be hard to live because housing is expensive, in metro people are not cool, and things like that. But that is definitively a town I love and I'm happy to live in. I never boring in it.

Do you eat croissant, baguette and drink coffee every day?

Baguette and coffee: yes, but for croissant, it's only sometimes in weekend, when we have time to take big breakfast with my husband.

Séverine与老公共同设计的Titlee纸品文具系列商品,结合手绘与写真,清新自然的风格在巴黎相当受欢迎。

巴黎

复古摇滚风服装配件
Laëtitia Chaussée & Mathilde Bezace

　　第一次在交友网站上认识Laëtitia与Mathilde的时候，就觉得她们是幽默又有想法的两个年轻人，负责服装设计的Laëtitia与专攻包、鞋等配件的Mathilde凭着学生时代培养出的默契，共同支撑着ça chope!这个以20世纪50年代复古摇滚风格为主的时尚品牌，两人游走于巴黎与南特两座城市间，努力追求自己的梦想。对于Hello Kitty异常疯狂的两人，在家里也摆满一堆周边产品，以及许多设计师朋友赠送的公仔与海报，而楼上充满老巴黎浪漫气息的旧公寓空间内，则是两人的工作室与展示间，在昏黄灯晕的衬托下，Laëtitia与Mathilde的作品看起来更具复古风韵。

*Design Data
品　牌：ça chope!
手创人：Laëtitia Chaussée & Mathilde Bezace
职　业：时尚设计师
网　址：http://www.myspace.com/cachope
哪里买：LE 66、其他法国城市以及卢森堡

"如果不玩设计的话，Mathilde应该会去做兽医，我的话嘛，应该是去当律师吧！"

学生时代就曾合作推出创意棉T恤，并在知名巴黎服饰店寄卖的Laëtitia与Mathilde，在商品热卖之后，便受邀参加巴黎时尚新秀展Who's Next，两人强烈的个性表现，在展览中大受瞩目。在那之后两人并没有立刻成立品牌，反而是在学校修完了服装、织品设计的学位，并先后进入Isabel Marant、Pucci、Elle等知名服装品牌、杂志社与造型设计公司边学边积累经验。在历经服装创作、造型呈现、行销、管理、媒体安排等关于品牌经营的各种细节工作后，自认时机成熟的Laëtitia与Mathilde，终于拿出长时间慢慢制作的各项作品，将ça chope!这个独立品牌介绍给对时尚极度挑剔的巴黎人。

"穿上ça chope!，你就是极度魅力的代言人！"

利用法文里chope代表优质与具吸引力的含义，Laëtitia与Mathilde将自己的设计风格定位在个性美的创意展现，观察时下年轻人对于穿着打扮的需求，Laëtitia与Mathilde先是以20世纪50年代的法国摇滚元素作为整体设计主轴，再依照巴黎服饰店的时尚Bobo偏好，慢慢地调整与塑造出ça chope!专属的个性摇滚风味：甜美中带点呛辣、休闲随性却又有款有型。紧紧抓住十八岁以上爱好街头时尚的族群，不仅商品本身，就连店头摆设、广告海报、宣传活动等，都在Laëtitia与Mathilde的刻意安排下，环绕着摇滚主题尽情发挥。ça chope!的成功叫人很难相信，现在的Laëtitia与Mathilde还保有着一贯的手作习惯，坚持每件单品都要出自十指之间的两人，目前还不放心将创作点子交给工厂大量生产，宁愿以单品限量制作的方式，确保创意能够完整地呈现，"只有亲手做，才能将制作过程中忽然想到的小创意添加到作品中啊！"Laëtitia与Mathilde所谓的独一无二，大概就是这样吧！

*手创人大提问Q&A:

你们也收集其他设计师的作品吗?

　　当然喽,如果你想要有创新的设计,就得放宽眼界。我们喜欢Sonia Rykiel的丰富设计、Viktor and Rolf的大胆作风与诗篇、Alexander Mc queen、香奈儿和三丽鸥(因为她们设计了Hello Kitty……哈哈),我们喜欢的设计师太多了,无法一次说完,但重点是要观察别人的作品,就我个人而言,我觉得街头仍旧是我们最重要的灵感来源。

身为服装设计师,你们觉得怎样穿最具法国或巴黎的风格?

　　在典雅设计的包装下,藏着摇滚的灵魂,这就是巴黎的时尚风格!

你们喜欢在巴黎的生活吗?

　　我们都很喜欢巴黎,这是我们的家。事实上这里不但有许多经典建筑、很多博物馆、戏院,且总是有一堆事可做。再者,巴黎也是全球的时尚之都!虽然如此,我们还是喜欢偶尔离开一下,到其他城市或国家冒险,在旅途中认识新朋友与获得新的创作灵感。

你们每天都吃可颂面包、法国面包和喝咖啡吗?

　　我也希望,但是不太可能!Mathilde从不喝咖啡,却超爱吃可颂。我则喜欢在吃完午饭后来杯浓缩咖啡。但是我们都很喜欢吃法国面包……这才是法式生活风格啊!

Do you also collect other designers' products?
Of course we love to collect other designers' works. You have to be wide open on everything if you want to create something interesting. I should say, Sonia Rykiel for her glamorous universe, Viktor and Rolf for their craziness and their poetry, Alexander Mc queen, Chanel (the mythic one), maybe Sanrio because they created Hello Kitty... There's too much we love I can't answer the question! The most important thing is to stay aware to people's style. To my mind, the street is still the best inspiration source.

As a fashion designer, what's kind of dressing way do you think is French or Paris style?
Paris fashion style is quite classical. It's a mix between a bohemia-rock and roll spirit and a sense of feminine elegance which is the Paris touch.

What do you think about living in Paris?
We love this city, it's our home. In fact, the architecture is beautiful, there's a lot of cultural spots (museums, theaters...), and always something to do. And moreover this is the capital of fashion! But we like work out there as well, and discover others places. Today, you should be able to move. France is not the center of the world... You always have something to learn of the different people you met in others countries.

Do you eat croissant, baguette and drink coffee every day?
I love to! But no. Mathilde never drinks any coffee but eat croissant as often as she could. Me,I prefer an espresso at the end of my lunch. But, we both eat a lot of baguette... stay French!

*巴黎私房推荐: ✎

最常出没的地方:

我们常跑第二区或巴士底广场一带，不论是购物或喝杯咖啡都可以在那边解决。

最爱逛的市集:

对爱逛市集的我们来说，首选非蒙马特的跳蚤市场莫属。不管你想买啥都可以在那里找到，新的、旧的、稀奇古怪……那是个充满购物乐趣的地方。

最爱泡的咖啡馆/小酒馆:

我们常去第二区Kiliwatch旁边的咖啡馆，但是我们心中的最爱，是学生时代常去的"Le Petit Monaco"，很有巴黎风味。

最爱看的艺廊/博物馆:

应该是庞毕度中心吧！

最爱买的小店:

很难下抉择，但我们觉得巴黎东京宫的附属商店还挺值得一逛的，那里有很多出自设计师之手的服装、杂货和相关书籍，店面不大但是有很多有趣的东西，你们有空也应该要去逛逛。

Where to find us:

Most of the time we go in the 75002, or near Bastille. Nice places to do some shopping or just drink a coffee.

Favorite market:

We love markets in general, but there's a very unique place which is the Montreal flea market. It's a very popular area, with a lot of social mixed (and sadly some poverty). But there, you could find whatever you want! Vintage shoes or bag, new pieces for your car, cloth, old and weird objects, books. This place has a spirit, and is very fun.

Favorite café/bar:

Most of time we go to the Café in the 75002 just next the Kiliwatch shop. But there's a café which has a special place in our hearts it is the one we go when we were at school "le petit monaco" a real Parisian one. And definitely our favorite.

Favorite gallery/museum:

Maybe the Pompidou center.

Favorite shop:

Hard to tell. But maybe the palais de Tokyo's shop. There're design and art books, some cloths, some design objects. It is quite small but the place is so amazing, that you should go there.

A | B
　C | D

A. B. 典雅的复古包款结合手绘与特色饰品，一改其原本的老气成为年轻女孩的时髦收藏。

C. Mathilde的特色手绘风格，让二手鞋变身为巴黎年轻人打造一身复古造型的最爱。

D. ça chope!半休闲式的复古设计服饰，适合各种场合。在自家取景的宣传照，点出Laëtitia和Mathilde所诉求的生活时尚感。

巴黎
摇滚风时尚童装
Elsa Kuhn

与开贸易公司的父亲分租同一块空间，Eva面积不大的工作室里摆了三台缝纫机，据说是针对不同创作商品而特别添购的，遇上下单旺季时，还可以找朋友来帮忙赶工。在塞满待出货商品与原料的狭小工作室里，Eva仍不忘记摆上自己最爱的那些充满摇滚或庞克气息的小杂货。曾经是铁杆摇滚迷现在却沉迷于宝宝的创作世界，现在偶尔还会在摇滚派对上客串演出的Elsa Kuhn(昵称Eva)，将最爱的音乐元素化，抽出20世纪六七十年代的代表图像，结合当时风行的艺术手法，展现在童装创作中，向她所崇拜的波普艺术大师与摇滚天团致敬。

*Design Data
品　牌：Eva Koshka
手创人：Elsa Kuhn
职　业：童装设计师
网　址：www.eva-koshka.com
哪里买：French Touche、Green Division、Moto 777

"谁说宝宝不能像你我一样爱摇滚？"

从学生时代起便在巴黎多本音乐杂志上定期发表乐评的Eva，不仅爱听音乐，对于登台表演也有着莫名的狂热，不过这样的她却在进入设计学校后起了转变，"不知道从什么时候开始，我对小宝宝爱不释手，她们天真活泼的模样，总是带给我很多创作灵感。"毕业后陆续在Irina Volkonski、Daniel Crémieux、Anne-Valerie Hash等知名设计师旗下累积实战经验，Eva终于在2005年成立自有品牌，为天底下的宝宝打造一身拉风的行头。

"因为做童装，所以我更有理由耍可爱！"

穿着极有个性的Eva只有在创作宝宝服装时才会忽然走起可爱路线，以粉色系为主的印花棉布上，重复排列着小松糕、冰淇淋、奶油罐头等，Eva亲自设计的甜美图案，不仅小朋友喜欢，连大人看了都忍不住叫Eva帮忙制作母女装。"在舒适透气的大原则下，童装讲求的不只是可爱，也要能够表现小朋友或父母的个性！"Eva的作品里总是透着一股浓厚的音乐性，大量运用20世纪六七十年代流行的美式摇滚元素：长版敞篷跑车、猫王图像、豹纹、斑马纹等，让大人小孩都大呼过瘾。

"对我来说创作是一场和自己竞争的赛跑，虽然看不到终点却也不想放弃！"

平日随身带着素描本的Eva，无论走到哪里只要灵感一来，马上就画在本子上，也因此在短短两年内，便可发展出如此完整的系列商品，并在法国童装界大受欢迎。

Eva设在父亲贸易公司内的工作角。

*手创人大提问Q&A:

你觉得设计和艺术是什么?

艺术是种能量,是种渴望,依艺术家而有不同的表现。我喜欢那些不具特别含意的艺术作品。

你也收集其他设计师的作品吗?

我喜欢逛不同的展览或新开的店,我会买年轻设计师的作品或设计服饰。最近我迷上Corpus Christi的首饰、Karine Arabian的鞋子以及Jeremy Scott的创作。

你觉得在巴黎的生活如何?

这里的生活就像文化大熔炉,13区是亚洲人的大本营,此外,犹太人与印度人所开的商店也聚集在巴黎其他区里,如果你想找高级订制服装,Cambon大街上成排的名牌店家绝对可以满足你的需求,在巴黎,每个角落都有独特的风貌!

你每天都吃可颂面包、法国面包和喝咖啡吗?

我比较喜欢吃法国面包配绿茶。但最近我爱上了"Macarons Ladurée"这种超好吃的蛋糕。

What is design or art for you?

Art is an energy, a desire, a need or a protest, it depends on the motivation of the artist. I like the idea that art could have no message.

Do you also collect other designers' products?

I use to go to different events, exhibitions, new shops... I bought serigraphies of young artists, clothes of "createurs". In this moment, I'm found of Corpus Christi's jewels, Karine Arabian's shoes and Jeremy Scott.

What do you think about living in Paris?

You can find lots of cultures or worlds: Asia in the 13eme arrondissement, Yiddish groceries or India items for example. You also find Haute Couture's labels on the Cambon's street. Every arrondissement could be different.

Do you eat croissant, baguette and drink coffee every day?

No, I prefer Green Tea with baguette! But I'm addict to "Macarons Ladurée", very very tasty cakes.

*巴黎私房推荐:

最爱逛的市集:

蒙马特附近有个小跳蚤市场(靠近Sacre Coeur),那里可以找到很棒的二手衣和复古家具、杂货。

最爱泡的咖啡馆/小酒馆:

"Ne nous fâchons pas"———一间充满20世纪60年代风格的酒吧,以及巴士底广场附近的Le Fanfaron。

最爱看的艺廊/博物馆:

Beaubourg、一家叫Agnès b.的画廊,以及Louise Weiss街上的艺廊。

最爱买的小店:

Mademoiselle Vegas和一家位于蒙马特叫L'Oeil du Silence的书店。

Favorite market:

The little flea market at Abbesses (near the Sacré Coeur), where you can find second hand clothes and lot of vintage stuff.

Favorite café/bar:

"Ne nous fâchons pas" a 60's bar in Pigalle and Le Fanfaron near Bastille.

Favorite gallery/museum:

Beaubourg, Gallery Agnès b. and galleries on Louise Weiss' street.

Favorite shop:

Mademoiselle Vegas and L'Oeil du Silence, a bookshop in Montmartre.

巴黎

欢乐洋溢的儿童手工鞋服
Julie Perret

　　某天在网络上闲逛的时候，我闯进了Julie的创作世界，第一眼就爱上的是那像缩小版小丑鞋的软皮靴，简单的设计却让人会心一笑，抢眼的色彩让人过目难忘，看不懂她满是法文的博客，幸好有朋友代为翻译，我才得以进而认识Julie，并在巴黎的创意市集上和她碰面。从婴儿、幼儿到妈妈，针对这个族群日常所需的服饰与用品进行创作，Julie将自己对女儿的爱移转在创作上，为全天下更多的小朋友进行设计。材质好、设计感强的作品，很快地便让Jubilo成为巴黎家喻户晓的童装品牌。

*Design Data

品　牌：JUBILO
手创人：Julie Perret
职　业：造型师
网　址：http://jubilo.over-blog.com/
哪里买：Gingerlily 、DandelOO

"小孩子要穿的衣服，除了舒适、耐穿外，还必须讨小孩子的欢心！"

"我家出了一堆艺术家，哈哈，我哥和我姐都是音乐人，就连我老公都是前摇滚乐团Mano Negra的团员。"出生于音乐世家却与艺术创作结缘的Julie，从美术学校毕业后，替巴黎的某些剧团设计戏服长达六年的时间，然而打从怀孕开始，Julie便离开剧团，专心地为女儿设计一系列的服装，但因为用料讲究、色彩抢眼、设计独特，所以周遭其他的妈妈看到后，纷纷要求Julie为她们的小孩设计服装，Julie因而建立起自己的品牌。站在小朋友的立场，考虑到他们出入的场合与日常活动的需要，Julie的童装设计不仅大人喜欢，小孩更爱穿！

"Jubilo是我妈帮我取的小名，在法文里指的是能够将欢乐带给他人的意思。"

拿自己的小名作为品牌名称，Julie告诉自己要将欢乐带到每个家庭中，而Jubilo这个名字也不时地让她回忆起童年时的快乐时光，即使遇到设计瓶颈或困难，在回忆与家人的支持之下，她也能重新迎接挑战！以自己的女儿、朋友的小孩与日常生活中的种种事物为创作灵感来源，Julie的设计常给人一种似曾相识的感觉。"鲜艳的色彩与适当的幽默感也是很重要的哟！"强调原创设计与质感，Julie设计时也不时以为人母亲的角度出发，创作连自己也会想买来给女儿穿的服饰。Julie平实的个性造就其创作的简单实用风格，然而长期对摇滚乐与戏剧的爱好，却也不经意被她融入设计当中，温馨又充满乐趣，成了Jubilo的主要风格。

Julie细致的缝工与对皮革的讲究，结合摇滚与马戏的
风格元素，创作出简单却很抢眼的Jubilo童鞋。

*手创人大提问Q&A：💬

你觉得设计或艺术是什么？

是让我开心的一种方法。每天都需要创作不同的东西，或许创作是种容易上瘾的毒品？

你也收集其他设计师的作品吗？

目前我没有在收集其他人的创作，但是我很喜欢Poiret、JP Gaultier和V.Westwood。

你觉得住在巴黎的生活如何？

我现在住在市郊，离市区大约30公里远的小镇，但是还是常到市区看展览或参加活动！

你平常都怎样放松自己呢？

到市区逛逛或是去看朋友的演唱会。

你每天都吃可颂面包、法国面包和喝咖啡吗？

几乎是每天啦！我也吃很多法国奶酪和喝红酒哟！

What is design or art for you?

It's my way to feel happy, I need to create something everyday, creation might be some kind of drug?

Do you also collect other designers' products?

No collection. Favorite designers: Poiret, JP Gaultier, V Westwood.

What do you think about living in Paris?

I live near Paris, about 30 km.

What do you usually do for fun?

I go out in Paris, to see my friend's concerts.

Do you eat croissant, baguette and drink coffee every day?

Almost every day! I eat also a lot of French cheese and red wine too!

*巴黎私房推荐：✏

最常出没的地方：

Pigalle、摇滚演唱会。

最爱逛的市集：

"la rue d'orsel" 那一带，因为那边有很多布店。

最爱看的画廊/博物馆：

流行服饰博物馆。

Where to find me:

pigalle, rock&roll corners.

Favorite market：

"la rue d'orsel", where there is a lot of fabric shops.

Favorite gallery/museum：

musée de la mode et du costume.

A | B

A. 除质感与色彩外，Julie在作品中加入许多幽默元素，即使是童帽也要很有个性！

B. 流传在欧洲很久的老祖先智慧，将干燥的樱桃子或豆子放进小包，放进暖炉烤热，可以保暖好几个钟头！

多元素材的混搭服装饰品

Axelle

还在念时装设计学院(EMODE)的Axelle住在巴黎市中心的黄金地带，狭窄的老旧公寓内堆满了她从跳蚤市场搜来的二手衣、小古董与旧书报，从小就和家人在跳市摆摊或看货，Axelle独到的眼光看出这些老东西被灰尘遮蔽的时尚光芒，通过巧妙的设计，创作出各式前卫大胆而蕴含多样含义的服装、配件与家具、杂货。

*Design Data

品　　牌："...by cheerie B"

手创人：Axelle

职　　业：学生、时尚设计师

网　　址：www.myspace.com/recupairspirit

哪里买：www.myspace.com/recupairspirit

"通过我的双手、我的双眼与我的心，我希望自己的作品能够感动别人！"

"我这样的个性应该是遗传自我爸妈吧！"Axelle有着参加过无疆界医生组织近十年的母亲，与天生具冒险精神又博学多闻的父亲，这样的家庭环境使她具有了对世界、人类与大自然间的独到看法，通过十岁时学会的缝纫技巧，Axelle通过布料与二手配件传递出自身追求爱与和平的概念。

"衣服是变化性最大最有弹性的创作素材！"

在Axelle的眼中，衣服不是成品而是原料，无论是加长截短、正穿反折，或是加点蕾丝、亮片……一个小动作就能改变衣服原本的结构与造型。结合串珠、玩具、古董首饰、旧书报等多种杂货，并且混搭多种面料，再打破一般服装版型，独创一衣多穿的设计手法，让最爱改造二手衣的Axelle，虽然还在学校念戏服设计，但手边订制服的下单量却早已数不清，当今的巴黎人就是喜欢她这种有点疯狂又有点搞怪的大胆风格！"谁说服装与配件设计一定要照本宣科、中规中矩，我专为那种想来点不一样的人创作！"

"在我的作品里，除了原料的混搭外，你也可以看到融合不同文化、宗教与思考模式的元素。"

对于Axelle来说，每样东西都有特殊含义，将这些具象征性的小东西，重新加以排列组合再赋予其另一番全新意义，是创作带给她的附加乐趣，"你不觉得物件很自由吗？它们可以穿梭在不同的时空中，不断地累积其背后的特殊含义或传说。"

"战争与和平"这款双面腰带以不同材质表现出两个看似对立的主题，却提供给消费者更多元化的穿搭方式。

*手创人大提问Q&A:

你觉得设计和艺术是什么?

是种抛开一切束缚的旅程,是万物的起源,看似囊括了一切却又很难下定义,是一个难题却也是解决之道。

你也收集其他设计师的作品吗?

其实我没有什么闲钱去买"大师"的作品,但是我喜欢津森千里的设计,因为她的每项作品之间都有关联性,就像看长篇小说一样;我也喜欢Castelbajac与Hussein Chalayan,因为前者的设计总是很有革命性,对我来说很有趣,而后者的设计概念则是很前卫而充满生命力。

你觉得巴黎的生活如何?

我很爱这里的生活,有很多事等着我去做,不同地方等着我去探索,还有很多漂亮的建筑物……但是我无法一辈子都住在这里,因为环境污染还是挺严重的。不过这里提供给我很多创作的灵感,让我感觉自己与住在伦敦、纽约的设计师同步。

你平常都怎样放松自己呢?

有时下课后没事做,我会和朋友去跳舞疯狂一下。周末的时候我尽可能让自己休息,睡觉、听音乐、和朋友或男友碰面,灵感来的时候也会创作些东西。

你每天都吃可颂面包、法国面包和喝咖啡吗?

哈哈,这个问题好有趣哦!虽然不是每天喝,但我是个爱喝咖啡的人。

What is design or art for you?

It's freedom and trip. It's the beginning, it's all and however not really something. It's the question and the solution.

Do you also collect other designers' products?

I don't really have money to buy products of "big designers" but I love Tsumori Chisato cause her products are like stories; Castelbajac cause it's so humorous and Hussein Chalayan for his spectacular concepts and alive clothes.

What do you think about living in Paris?

I love, because there are a lot of things to do, to discover, a lot of different places and beautiful architectures... but I couldn't live here all my life because of pollution, stress. But a couple of spirits enough closed in comparisons with London or New York (especially in the Art).

What do you usually do to relax yourself and for fun?

I go dancing with friends for fun. On the weekends,I sleep, I play music, I create, I see my friends and my boyfriend...

Do you eat croissant, baguette and drink coffee every day?

Haha funny question!! Not every day but I love coffee!

A | B | C | D

A. 提着结合人工草皮与布料的草皮包逛街,为冬天灰暗的巴黎街头带来一股新鲜味!(图片提供: Axelle)

B. 跳蚤市场搜集来的小东西在Axelle巧妙的组合之下,为露背装创造出一番新风貌。(图片提供: Axelle)

C. D. Axelle为自己的服饰品牌代言,宣传照里不仅让新作曝光,更与消费者交流自己的设计理念。(图片提供: Axelle)

*巴黎私房推荐:

最常出没的地方:
　　蒙马特和巴黎第一区。
最爱逛的市集:
　　porte de montreuil。
最爱泡的咖啡馆/小酒馆:
　　Le rendez–vous des amis。
最爱看的艺廊/博物馆:
　　巴黎东京宫。
最爱买的小店:
　　巴黎的每条街都有不错的店好逛、好买。

Where to find me?
Most of the time in Montmartre
and sometimes in 1st arr.
Favorite market:
Flea market of porte de montreuil.
Favorite café/bar:
Le rendez–vous des amis.
Favorite gallery/museum:
palais de tokyo.
Favorite shop:
The streets... hehehe.

Axelle的设计巧思赋予从跳蚤市场或古董店搜集来的小东西全新的时尚生命。

Chapter 4
o4 首饰配件类

复古仕女坠饰项链

Pauline Le Jannou

什么叫法国味？Pauline的作品替我做了完美的注解，典雅、浪漫、复古，低调中带有强烈的个人色彩！第一次接触Pauline的创作项链时就被那强烈的历史岁月感给震撼住，吃惊之余更忍不住赞叹这个在古董堆长大的设计师还原历史感的高超功力。Pauline的店坐落于巴士底广场的热闹巷弄中，店面不大却总是能吸引路人入内消费，布置得像女孩子更衣室一样的店里，除Pauline的作品外，还有展售其他法国年轻设计师的创作，从头饰、项链、服饰、鞋子到提包等，巴黎个性女生从头到脚的行头，Pauline一次包办，为方便附近逛街上夜店的客群，Pauline特别将营业时间延长到晚上九点，让享受完大餐的爱漂亮女生，在上夜店前的这段空档，有个时尚角落可以逛逛。为了兼顾铺子的生意，Pauline将工作室移到了店面后面，每天早上趁开店前的一小段时间进行新设计的创作。

*Design Data

品创牌：Grigris Chéris

手创人：Pauline Le Jannou

职　业：演员、模特儿、设计师

网　址：www.lecornerdescreateurs.com

哪里买：Le corner des créateurs

"Girgris的设计会带给主人幸运哟！"

取其法文"吉祥物"的字义，Pauline希望自己的作品也能随时陪着顾客出入各种场合，在这样的考虑下，Pauline结合自己时装设计的经验，找出适合低胸、高领等不同款女装的链条。从小就爱帮洋娃娃做衣服、帮妈妈做首饰的Pauline，并没有像其他人预料的那样进入设计或艺术学院就读，拥有语言学硕士背景的她，经历过戏剧、电影与T台等各种工作，只有趁闲暇才进行的手工创作，最后终于成为她落脚的终身事业，从最初的男女装与童装设计，发展到目前专注的首饰创作，这一路走来对Pauline而言，不仅是思想上的转变，更是对自我的一种认同，"手创听起来好像是一种无法养活自己的工作，所以虽然我从小就爱手作，但从没想过可以成立自己的品牌。"

"那段我来不及参与的美好时光一直是我创作的灵感来源。"

Pauline从小就在母亲的带领下，穿梭于巴黎各跳蚤市场与古董店之间，也因此巴黎20世纪二三十年代的时尚美学与当时人们的生活态度，一向就是Pauline内心所向往的世界，如何重现那个年代的奢华流行却又不失现代感，便成了Pauline给自己的一项创作课题。"当我第一眼看到这些老照片时，我可以感受到'就是它了'的那种感觉。"

"只有一切自己来才能显出每条项链的独特性啊！"

运用当时留下的泛黄人物明信片，Pauline在不修图的状况下，原汁原味地表现出那个年代直接在底片上色的摄影作品，特殊的色彩与构图方式让Pauline的作品更显得珍贵。而为了搭配这些古董照片的沧桑感，从银质底座的模具设计、出模、抛光，到链条的制作与图片镶嵌、上漆等细部工作，全都不假他手。"我总觉得自己的风格是从小就养成的，在设计的时候我不讲究什么法则，只专注地聆听心的声音！"

*手创人大提问Q&A:

你也收集其他设计师的作品吗？

我喜欢收集旧东西，二手衣、古董珠宝和复古家具都是我的最爱，因为我妈有收集泰迪熊的习惯，所以我们总会一起去逛跳蚤市场。说到特定年代的设计嘛……总的来说我喜欢20世纪30年代的设计，但家具方面我偏好20世纪70年代。

对你而言，设计是……

设计和创作是最能表达每个人内心想法的一种方式。

你觉得生活在巴黎……

我超爱巴黎的生活，这座城市充满了各种极具特色的人。在这里，到处都是时尚，哪里都很时髦。天气冷的时候我喜欢坐在温暖的咖啡馆里，观察其他人的穿着打扮。

你每天都吃可颂面包、法国面包和喝咖啡吗？

我不是个正统的法国女生：不喜欢喝咖啡，也不太常吃可颂面包或法国面包。但是我很贪心，哈哈，我每天都要吃很多一种叫做religieuse的法式小点心。

Do you also like to collect antique? What's your favorite? 20's? 60's? 70's or?

I like antique things, any type of things! I used to dress with some vintage clothes, I love old boots, I like antique furniture, I have some at home and in my shop. I like antique jewels of course! And My mother collects antique teddy bears. We used to go to antique market together every Sunday! My favorite period is 30's but for clothes and furniture, I really like 70's.

What is design or art for you?

It's the best way to speak about yourself.

What do you think about living in Paris?

I love living in Paris, there is so different people, so different styles. Here, Fashion is everywhere. I love to have a drink in a café when it's warm and observing people, and how they are dressed.

Do you eat croissant, baguette and drink coffee everyday?

I'm not a good French girl: I don't like coffee and I don't eat a lot of croissants or baguette. But! I'm very greedy and I eat almost every day a French pastry called "religieuse".

*巴黎私房推荐: ✏️

最常出没的地方:
　　玛黑区，那一带有很多特色咖啡馆、餐厅和有趣的小店。

最爱逛的市集:
　　古董或跳蚤市场，随便哪一个都很有味道哟!

最爱泡的咖啡馆/小酒馆:
　　Le café Hugo.

最爱看的画廊/博物馆:
　　Le musée Carnavalet.

最爱买的小店:
　　我开的小店! 一次可以买齐我喜欢的设计师的作品!

Where to find me?
The area called "le marais" which is full of special cafes, restaurants and shops.

Favorite market:
Antique market, anywhere.

Favorite café/bar:
Le café Hugo.

Favorite gallery/museum:
Le musée Carnavalet.

Favorite shop:
Mine! There are all the designers I love!

A |
B |
C | D

A. 曾是模特儿的Pauline不仅一手打造出Grigris的所有饰品，就连商品拍摄、模特儿的造型到目录编排也全都自己来。

B. 从旧明信片中挑选合适的巴黎仕女图，Pauline运用创意巧思重现上个世纪巴黎的浪漫风味。

C. D. Pauline充满浪漫色彩的服装首饰店。

女人独享的法式珠宝坠饰
Marie Djazayeri

巴黎

推开窗，Marie的工作室正对着巴黎Pere Lachaise墓园，环绕着墓园的一片林荫陪伴着Marie度过每天的创作时光，为她带来心灵的宁静与设计灵感。工作台昏黄的光晕与萦绕在空气中的轻摇滚，Marie的工作环境在我眼中十分具有巴黎味，边小声哼歌边打图稿的她和我聊着对上海旧画报的看法，在世界各地寻找法国风情的Marie才刚结束她的上海复古之旅，便迫不及待地挥别上一季的香颂小品，打算让上海滩老海报里的旗袍美女走进她的作品中。

*Design Data

品　牌：ZINAT

手创人：Marie Djazayeri

职　业：珠宝与发饰设计师

网　址：www.zinat.fr

哪里买：French Touche、Passeggiata、Naiah、Les Fleurs、
　　　　Etoffes et Sofas、Le Tube à Essai以及日本

"伊朗文中Zinat是珠宝的意思。"

伊法混血的Marie被伊朗籍的父亲昵称为Zinat，从小就因此觉得自己与众不同的她，在当时便决定将来如果自创品牌的话，也要取名为"Zinat"。"我觉得没必要刻意隐藏自己特殊的背景。"在学校念的是电影与艺术史，Marie毕业后沉浮于广告文案的工作中，从没受过任何珠宝设计训练的Marie在一次临时决定的旅程后，决定面对真正的自己，放下手边的一切，专心地做自己从小就梦想要成为的珠宝设计师。靠着自我摸索的各种技术，Marie跳脱巴黎珠宝设计的基本范畴，游走于自己的创作世界中，大玩物料与色彩的混搭游戏，"虽然我从没受过专业的珠宝设计训练，但也因此在创作时拥有极大的自由，不用去考虑什么色彩或流行法则，顺着心走就对了！"

"对女人来说，不管你长到几岁，都要拥有热爱冒险与惊喜的赤子之心！"

将信念融入创作中，Marie希望通过自己的作品，能够引出每个女人充满童真的那一面，因此她特别注重每项创作的故事性，将光影的掌控与幽默感投注在作品里，呈现出古董配件与二手布料经典却又轻松近人的一面。在Marie眼中不是只有金属或珠宝钻石才是唯一配件，只要搭配得宜，棉绳、印花布、缎带……全都是绝佳的题材，通过重新组合这些看似稀松平常的素材，Marie意外地建立起自己的设计风格：怀旧而带点童趣、典雅却十分低调，就像是时髦生活中的美丽诗篇，"我从不认为女人的美要靠奢华来堆砌，只要有个性就是时尚！"

A |

B | C

A. 手工台上总是堆满用具与各式零件。

B. C. 工作室的书架上除了满满的设计艺术类书籍外，还有许多Marie珍惜的回忆。

*手创人大提问Q&A:

你认为设计是什么？

设计是个无边际的自由空间，我可以尽情地做自己和自己爱做的事。

你也收集其他设计师的作品吗？

我喜欢收集项链，通常是二手货或是在旅行中看到的特殊设计，但都不是名牌就是了。

你觉得巴黎的生活如何？

在巴黎什么都有可能发生。我喜欢在这里生活的刺激感、新鲜感，以及嘈杂却热闹的街头景像。在这里你永远都不会感到无聊，你总是可以找些事来消磨时间，或是展开新的冒险。

你每天都吃可颂、法国面包和喝咖啡吗？

我无法想像哪天早餐桌上没有法国面包、可颂和咖啡的景象！

What is design or art for you?

According to me, it is a space of freedom where I can express myself as I want and as I am.

Do you also collect other designers' products?

I collect necklaces. I often buy second hands or when I travel. But it is often the pieces that are not signed.

What do you think about living in Paris?

Paris is a city where everything is possible. I like his excitement, ferment, noise and the movement of the street. You can not be bored, there's always something to do, to see or to be discovered.

Do you eat croissant, baguette and drink coffee everyday?

I can not imagine a breakfast without a baguette or a cup of coffee !

*巴黎私房推荐:

最常出没的地方：

我家！我喜欢和朋友在家里喝酒聊天！

最爱逛的市集：

Belleville市场。这一区极具当代气息，你很轻易地就可以在这里找到所有想要的东西。

最爱泡的咖啡馆/小酒馆：

"La Bellevilloise" 星期天早上的音乐表演很赞！"L' Autre Café" 则是我和朋友常碰面的地方。

最爱看的艺廊/博物馆：

庞毕度中心的前卫艺术或当代创作，以及奥塞美术馆的建筑本身及经典馆藏是我的最爱。

最爱买的小店：

"Le Bon Marché"，但仅仅逛逛，因为我买不起那里精致的商品。如果我真的要买些设计商品，我会去 "French Touche"。

Where to find me?

I do not hang out a lot, prefer spend a good evening with my friends, to discuss and remake the world while drinking a good bottle of wine !

Favorite market:

Belleville market. It is very cosmopolitan and you can find everything you want.

Favorite café/bar:

"La Bellevilloise" for musical brunches on Sunday mornings. "L' Autre Café" to have a drink with my friends.

Favorite gallery/museum:

For modern and contemporary art, the Pompidou museum. For more classical art, I like the Orsay museum: I like the building very much and the light in every exhibition rooms.

Favorite shop:

Only to look at "Le Bon Marché" where everything is beautiful and luxurious but which I cannot afford ! To offer not ordinary presents: "French Touche".

巴黎

黄铜片混搭项链
Eva Gozlan

靠近玛黑区的地理位置，让Eva能轻松掌握最新的全球时尚讯息，以及巴黎当地年轻人的流行动向。藏身于历经岁月沧桑的街边老公寓内，Eva的工作室里到处装点着她到各地旅行所搜集回来的小东西，以及私人珍藏的黑胶唱盘，简单的摆设就如同她的创作一般，给人一种清新自在的感觉。在巴黎长大却在伦敦成立自有品牌，近来更频频与曼谷设计师合作的Eva靠着自己独特的品位与美学概念，塑造出自己的设计风格，让欧洲各地的女性消费族群为之疯狂。

*Design Data
品　牌: Eva Gozlan
手创人: Eva Gozlan
职　业: 珠宝设计师
网　址: www.evagozlan.com
哪里买: Matières à Réflexions、American Retro、Séries Limitées、Zico、Marie Bresson、Marci N'oum、Black Block (Palais de Tokyo)、Sandra Serraf、Madame des Vosges以及日本、英国、瑞士、比利时等地

"有时过度奢华的装饰反而会扼杀女人最纯净的美感。"

将自己对美的独特看法投注在作品中，Eva的作品强调简单的线条感，以特殊的绕颈设计与自然垂挂的流线走向，突显女性从肩颈、锁骨到胸前所形成的迷人弧度。"在我眼中，金属才是最能衬托出女人天生自然美感的素材。"金、银与黄铜是Eva最常使用的创作素材，轻薄短小的链坠设计无论是重复堆叠、散布在链条四周，或是与珠母贝、珍珠、手捏陶等具质感的天然素材相搭配，都不改变其在视觉上所造成的一种透气感，紧贴着肌肤的超薄平面设计，让佩戴项链也成了一种舒适的享受，重新诠释女人佩戴首饰的定义。"首饰不该只是为观赏者带来视觉上的美感，也该为佩戴者带来一整天的舒服感觉才对！"

"小时候我就常常帮妈妈制作各种配件呢！"

从小就在首饰创作上展现异于常人的天赋与热情，Eva从艺术学校毕业后曾加入巴黎名牌Vanessa Bruno的设计团队，其后Eva转往伦敦以自己的名字成立独立品牌，积极地在Portobello 与Spitafield两个著名的市集上摆摊，面对面地与消费者交流各种创意概念。累积在伦敦的实战经验，再回到巴黎时，Eva Gozlan成为当地各大创意市集力邀参与的品牌之一。通过网络与媒体的介绍，现在Eva的作品早已走出巴黎，拓展到比利时、瑞士甚至日本等地。将周游各国所涌现的灵感与新发掘的素材运用在设计中，再将这些作品销售到世界各地，Eva通过首饰建立起自己的循环创作链，"总觉得我的作品就像一首短诗，一首传颂全球而能感动人心的诗篇！"

A｜B｜C｜D

A. 仿古董纯银小包与轻盈羽毛间形成融洽的清新和谐感。

B. 长短不一的黄铜长链，淡雅的蜻蜓造型让佩戴的女生更显得清新、动人。

C. 调换主配角地位，组合多条长链设计出如同流苏般的典雅款式。

D. 强调手工制作，Eva时时沉浸在创作所带来的愉悦中。

*手创人大提问Q&A: 🖤

你觉得艺术或创作是什么?

　　它是件美好的东西,因为它是你的身体、你的心灵,是你表达内心世界的最佳途径。

你最喜欢的设计师是?

　　Isabelle Marant。

你平常都怎样放松自己呢?

　　我的工作量很大,但我尽量挤出一点时间给自己和家人。我喜欢旅行和跑步,尤其是和我的小狗一起慢跑。运动对我来说是很重要的休闲活动,而旅行则带给我许多不同的创作灵感。

你每天都吃可颂面包、法国面包和喝咖啡吗?

　　没有到天天吃的程度,但它们都是我最爱的食物之一!

What is design or art for you?

It's the most beautiful thing in the world because it's from your body , your mind , it's the only way to explain what do you feel in you.

Who's your favorite designer?

I love "Isabelle Marant".

What do you usually do to relax yourself and for fun?

I work a lot , but I try to keep time for me and my family. I'm running a lot , with my little dog, sport is very important for the mind , and I travel.

Do you eat croissant, baguette and drink coffee every day?

Not every day but I love it !!!!!

*巴黎私房推荐: ✏

最常出没的地方:

　　在我住的玛黑区这附近,或是圣马丁运河和Bellevielle那里。

最爱逛的市集:

　　巴士底广场一带的市场。

最爱泡的咖啡馆/小酒馆:

　　L ile enchantée。

最爱看的艺廊/博物馆:

　　Musée d art moderne。

最爱买的小店:

　　Isabelle marant。

Where to find me?

In my area "Le Marais" , and near the canal saint Martin , Belleville too.

Favorite market:

Bastille.

Favorite café/bar:

L ile enchantée.

Favorite gallery/museum:

Musée d art moderne.

Favorite shop:

Isabelle marant.

A | B

A. B. Eva工作室中随处都是散发浪漫艺术气息的角落。

巴黎

香颂复古混搭首饰
Nathalie Breda

　　第一次和Nathalie碰面是在她的个人展览上，古董味浓厚的作品，为设在饭店复古酒吧里的展场营造出20世纪二三十年代的旧巴黎奢华氛围。Nathalie的作品很有味道，不论是针对男生或女生设计的首饰，都带有浓厚的岁月沧桑感，却又充满时尚。原以为她是个爱听香颂沉醉在美好往日时光的创作人，没想到她却是沉迷于20世纪80年代英式重摇滚的前卫设计师……

*Design Data
品　　牌：Nathalie Breda Jewels
手创人：Nathalie Breda
职　　业：全职设计师
网　　址：参考www.nathaliebreda.com
哪里买：www.nathaliebreda.com

"我从小就是个爱玩珠宝的小孩, 哈哈……"

无论是把爸妈的水晶灯饰分解再重新组合成极具设计感的项链与耳环, 或是让香草盒摇身一变成为花朵造型的胸针, Nathalie在童年时期便展现其对于珠宝首饰的特殊品味, 流苏、羽毛等常见的家饰配件, 全都在她手中化为极富个性的作品。从学校毕业后回到巴黎的Nathalie, 顺利地加入西班牙设计大师Agatha Ruiz de la Prada的团队, 边工作边学习Agatha Ruiz对于色彩的掌握及多元化的设计。

"中古世纪与东方神秘世界是我创作的灵感来源。"

寄宿学校里所强调的天主教神学, 对Nathalie造成深刻的影响, 也因此在她的作品中, 十字架、念珠链成了常见的创作素材; 然而后来她所主修的艺术史, 却为她开启那扇通往东方国度的大门。花了两年走遍中东各个国家, Nathalie从各回教民族特殊的建筑与装饰艺术中寻求创作的灵感。最后, Nathalie终于在古董市集上找到最能为自己代言的素材。探究这些充满灵魂的古董配件背后所蕴含的故事, 为Nathalie的创作带来另一种趣味。"工作时我常常想着我在印度所遇见的那些艺术家, 他们不讲求技巧或流行, 用最简单的手法将素材本身的特色显现出来。"

"只有女人才知道男人戴什么最性感。"

喜欢装扮自己, 更喜欢装点自己男人的Nathalie为追求时尚的巴黎男性, 设计出一系列带点巴洛克奢华摇滚风味的首饰, 带出法国男人浑然天成的浪漫慵懒气质。对于型男有特殊喜好的Nathalie总是在街头寻找新一季的模特儿, "我不能说自己不哈帅哥, 呵呵……但的确有不少我的顾客告诉我, 他们相信戴着我的设计, 也能让他们拥有像照片中这群模特儿般的男人味!" Nathalie将自己对音乐的崇拜, 与成长过程中对她产生极大影响的天主教与回教信仰融合在作品里, 在男性首饰设计圈中确立自己的重要性, 引领一班信徒走上时尚的道路。

*手创人大提问Q&A:

对你而言,设计是什么?

我从没想过这个问题,但我觉得艺术或设计是创作者内心深处对生命的体验与感悟,因此一件作品往往包含了创作者所想传达的特殊含意。

你通常都如何纾解生活的压力呢?

游泳,或是去洗土耳其浴。它可让我完全地放松身心。

通常下班后或是周末你都做些什么呢?

我常去逛里昂车站附近的Viaduc des Arts艺术村,我喜欢看那些手工艺大师们的作品,不论是陶艺家、金工或是制作手工画框的艺术家。

你觉得生活在巴黎是……

就像是生活在巨型的写实博物馆当中,时时刻刻都有新鲜事上演,我喜欢那些热闹的地方,例如巴士底广场以及我住的这一带(Menilmontant)。

你每天都吃可颂面包、法国面包和喝咖啡吗?

我偶尔会吃吃可颂面包或法国面包,但是我最爱的还是涂满果酱的面包。比起简单的法式早餐,我比较常吃英式早餐,就是那种又是培根又是煎蛋和一堆豆子的那种,就像伦敦人一样!

What do you think about "design"?

I don't really think about it before. It's the expression of the artists soul I think, something of immaterial but which wants to say so much.

What to you do to relax?

I swim. I go to the Turkish bath in Paris and I love it! It's really relaxing!

What do you usually do after work or on weekends?

I go to the Viaduc des Arts in Paris, near Lyon station. I like to see the work of the craftsmen of art. There are porcelain painters , gilders, picture framers.

What do you think about life in Paris?

It's like to live in a giant museum, a live museum!! I like popular square like Batille or Menilmontant where I live.

Do you eat croissant, baguette and drink coffee every day?

Sometimes, I prefer bread with marmalade. I eat real English breakfast with bacon, eggs and beans like in London.

*巴黎私房推荐：

最常出没的地方：

花市或中国城。我喜欢买中国或韩国的幸运手环，我妹妹曾经送我一个日本的护身符，我一直都带在身边。

最爱逛的市集：

Saint Ouen和Montreuil的跳蚤市场。

最爱泡的咖啡馆/小酒馆：

L'assignat，巴黎硕果仅存的一家最具巴黎风味的咖啡馆。

最爱看的艺廊/博物馆：

当然是卢浮宫罗！我常说卢浮宫就像是我家一样，希腊和埃及馆是我的最爱。

最爱买的小店：

Mariages Freres：它们拥有最多的精选茶叶。Angelina：这里的"杏仁小圆饼"是我最爱的小点心以及Mosque的Moor Café。

Where to find me?

Flower market or Chinese square. I buy Chinese or Korean lucky charm. My sister bought me one from Japan, and I put it on my bag.

Favorite market:

Flea markets of Saint Ouen and Montreuil.

Favorite café/bar:

L'assignat, the last real Parisian café.

Favorite gallery/museum:

The Louvre of course, I always say it's my house! I like to visit the Egypt and Greek departments.

Favorite shop:

Mariages Freres for their marvellous choice of tea.

Angelina for the "macarons" And Moor Café at the Mosque of Paris.

清透七彩琉璃珠饰品

Kareen Kjelstrom

拥有大溪地血统的Kareen对于生活与时尚都有其独特看法，最初只为自己设计的饰品，却因风格独具而在朋友间打开名气，更因而成立独立品牌。来自洛杉矶的典型阳光女孩却在巴黎找到属于自己的窝，成功地踏入巴黎社交圈，并加入当地的外国设计师团体，不定期地交流各自在设计工作上的经验与看法。与生俱来的审美眼光，加上自我修习而磨炼出的细致琉璃珠创作技术，让Kareen在竞争激烈的巴黎珠宝设计业取得一席之地。极富大溪地海洋气息的手工琉璃珠饰品就像Kareen本人一样，为巴黎的时尚圈带来阳光般的热情活力！

*Design Data

品　牌：KbyKareen handKrafted jewelry designs

手创人：Kareen Kjelstrom

职　业：珠宝设计师

网　址：www.kbykareen.com

哪里买：www.kbykareen.com

"我喜欢有特色的东西，所以才开始帮自己设计饰品，没想到后来却都被身边的朋友买光了。"

华盛顿大学毕业、完全没有设计背景的Kareen最初只是为了在Party或朋友聚会时穿戴"不一样"的项链、耳环，才开始接触饰品创作，却因而大受欢迎，不断有人询问她身上首饰的品牌，或是直接向她下单购买，Kreen因而动起自创品牌的念头。从最初一天到晚跑材料行，到后来发现与其等材料行进特殊的串珠或亮片，倒不如自己做珠子，包头包尾的创作流程，让Kareen更能掌握自己想呈现的感觉。从书本与琉璃手工师父那儿，Kareen学会了各种琉璃珠制作的技巧。"我爸和我哥都是工程师，很多创作时要用到的机器设备还是他们教我怎么操作的呢！"

"因为是Kareen设计的，所以才取名为K by Kareen。"

毕业后接连在Gap与迪士尼两大公司担任人力资源主管，Kareen体会到建立品牌形象对于商品行销的重要性，因此决定自创品牌后，她便不断思考这样一个独特的牌子要叫什么才够响亮。"原本想用我的大溪地小名，因为够特殊且能够代表我多重的文化背景，但怕一般人不会发音，后来还是决定用最能代表品牌特色的名字。"

"不论走到哪里，只要看到特殊的颜色或色彩搭配方式，我都会立刻记录下来，作为日后创作的参考资料。"

艳丽鲜活的色彩是Kareen创作中的一大特色，虽然每季她会观察Patonen新研发的色卡作为设计的依据，但其实日常生活与旅行时所观察到的各种颜色变化，才是她最大的灵感来源。"我无法预测色条熔化后在琉璃珠里的走势，因此每颗珠子的诞生对我来说都是无穷的惊喜！"无论是浑圆、扁平或不规则状，Kareen的琉璃珠全都具有立体美感，无论是从哪个角度望去，各有其独特的韵味。"虽然无法精准地掌握色彩的分布，但我仍能在一开始就决定色条搭配，以及在之后不同珠子间的相互混搭中，做出自己的味道。"

A | B

A.B. 类似颜色的琉璃珠却拥有不同的图案，靠着创作巧思，Kareen的每件作品全都独一无二！

*手创人大提问Q&A：

对你而言设计或艺术是什么？

我认为设计和艺术之间有条微妙的界线。设计通常在造型或功能上做变化，我喜欢漂亮又好用的设计作品。然而设计和艺术对我而言都是种宣泄的渠道，宣泄创作者的情感、灵感与经历。一件经典的作品总是能够撼动观者的内心，与之产生紧密的连结。

下班后你都怎样放松自己？

我喜欢音乐和旅行。发现新乐团或到陌生的国度旅行都能让我很开心。旅行时我喜欢观察各地不同的珠宝首饰、设计以及经典建筑。大部分时候我都很忙，但只要我有时间，我喜欢看书、上网或是和其他设计师碰面。

你觉得在巴黎生活如何？

会搬来巴黎是因为我热爱这里的生活。这里让我有回到家的感觉，偶尔我还是会因为看到艾菲尔铁塔或圣母院而感动不已。我觉得巴黎是个能够遇到不同设计师并迸发出创意火花的地方。搬来这里后我常有机会能够认识来自不同世界、不同产业的设计师。

你每天都吃可颂、法国面包和喝咖啡吗？

并没有，但有机会我还是会喝点咖啡和吃吃法式苹果派(chausson aux pommes)。星期六下午是我最爱的咖啡时光，也许是因为我终于有时间坐下来休息一下了吧！

What is design or art for you?

Design is about form and function. I prefer when something is beautiful and works really well. Both design and art are about expression; expressing emotions, inspiration, and energy. Good design and art moves the audience; makes their heart skip a beat, or immediately fall in love.

What do you usually do for fun?

I love experiencing new bands and exploring new countries. I mostly enjoy seeing jewelry, design and architecture all over the world. I don't have much free time, but when I do, I really like to read. I also spend much of my time networking; meeting other designers and business owners.

What do you think about living in Paris?

I feel at home in this city. I still get chills up my spine when I see the Eiffel Tower or Notre Dame. I think Paris is a great place to meet other designers trying to create something beautiful.

Do you eat croissant, baguette and drink coffee every day?

No, but I love having a cafe crème and a chausson aux pommes when I can.

A | B
　| C

A. 以银丝取代链条，简约的线条更衬托出琉璃珠多变的亮丽色彩。

B.C. 就在自家的工作室里，Kareen熔合出风格独具的琉璃珠世界。

*巴黎私房推荐:✐

最常出没的地方:

最近我喜欢到一些没去过的地方探险。即使在巴黎住了很多年,还是偶然会发现一些自己从没去过的新地方。

最爱逛的市集:

我真的很喜欢Avenue du Trône的市集,离我住的地方很近,且东西品质都还不错。

最爱泡的咖啡馆/小酒馆:

Café Titon是我最常去的咖啡馆,在那里我也常遇到其他的设计师或特色小店的老板,和他们在一起我觉得很轻松,可以暂时把工作搁在一边。

最爱看的艺廊/博物馆:

巴黎装饰艺术博物馆中史上多位设计大师的作品与不定期的珠宝展都很有看头。此外奥塞美术馆也是我常逛的地方。

最爱买的小店:

我常常带朋友去逛Brontibay Paris,那里有许多手工设计与制作的皮革饰品,大部分是皮夹和手提包。

Where to find me?

I spend time exploring new parts of Paris. Paris is one of those cities that has new and exciting places to discover even after many years in the city.

Favorite market:

I really like the market on Avenue du Trône...it is near me and I have always been happy with the quality.

Favorite café/bar:

Café Titon: I have become a regular at this café. I have also met many other designers and small business owners in this café. I now have many good friends there who help me relax and spend some time away from my jewelry and business.

Favorite gallery/museum:

Musee des Arts Decoratifs; for all of the amazing designs throughout history... and, their jewelry exhibit is amazing! But, it is difficult not to love the impressionists at Musée d'Orsay.

Favorite shop:

One of the places I always take friends who visit Paris is Brontibay Paris.

A | B

A. 粒粒皆不同的剔透珠子,在Kareen的手中化作极具特色的时尚饰品。

B. 每颗珠子的诞生对Kareen来说都是种惊喜,因为琉璃熔合走势有时连她自己都抓不准。

摩登时尚法式首饰
Emeline Sirvent

巴黎

拜访Emeline的这天，缭绕在她公寓里的是带点轻摇滚的曲风，巴黎周末早晨专属的闲适气氛全集中在这里。在纯白色的空间中到处放着Emeline创作时要用到的器具与原料，这么做不仅方便她有灵感时可立即着手制作，更可刺激她去思考所有关于艺术创作的大小事。像Emeline这样将剪纸与摄影等技术融入首饰设计中的手创人不多，而Emeline将色调控制在黑、白与古董铜黄色系上，在树脂玻璃与黄铜片之间找到一种充满自然气息的和谐美感。

*Design Data
品　牌：LINAPOUM
手创人：Emeline Sirvent
职　业：视觉设计师、珠宝设计师
网　址：http://linapoum.canalblog.com/
哪里买：French Touche、Le corner des créateurs

"这个年代的人类对动物太残忍了，希望借由我的设计，唤醒现代人心中对小动物的纯爱。"

Emeline小时候最爱在祖母家附近的树林里消磨午后的时光，无法忘记那段与花草动物一起编织的往日情怀，Emeline便将其设定为创作主题，结合自己在摄影上的专长，利用树脂玻璃所呈现的简约立体剪影效果，打造出自然不做作的各款式设计。喜欢尝试不同原料的Emeline目前正积极地研究各种木料与金属间可做的搭配，并尝试将木头原本的纹路与她一贯的剪影风格相结合。"很多人都问我为什么这耳环都只有做一只。" Emeline不仅在饰品造型上有其独特眼光，对于顾客买回家后的搭配方式，也极力追求多元化，长度不对称的耳环组，可以单戴也可以双搭更可以和其他设计款相组合，而活动式的链坠则提供给顾客在佩戴上更大的变化空间。

"对于像我这样的创作人来说，最怕的就是过度设计一种商品。"

出身于艺术世家，Emeline不仅毕业于巴黎知名艺术学院，也拥有在当地著名设计公司的工作经历，秉持着对于手工创作的热爱，Emline成立个人工作室，在创作中成长的感觉给她一种难以言喻的满足快感，追求完美的她现在只担心自己太过于投入设计工作中而无法放手，"我真的需要学习如何告诉自己：这样的设计已经够完美了，别再改了！"

*手创人大提问Q&A：

你也收集其他设计师或艺术家的作品吗？

我不太戴自己的作品，SERVANCE GAXOTTE是我的最爱，但我也常从MEDECINE DOUCE的作品中寻求创作灵感。

你觉得巴黎的生活如何？

巴黎对我来说是座很棒的城市，随心所欲地住在想住的地区，巴黎拥有千种风貌，装雅痞、搞嬉皮……无论你想走前卫路线或重温旧巴黎的浪漫，都可以在这座城市里找到合适的角落。

此外，巴黎有许多小巷弄，而这些巷弄中又有很多特色小店，随时随地都有新鲜事发生，对我这样一个好奇宝宝来说，巴黎是最适合我不过的城市了！

你平常都怎样放松自己呢？

在巴黎有许多洗土耳其浴的地方，让人可以安安静静地沉淀心灵，充满重新出发的能量！因为我还有其他的工作，所以只有在下班以后以及周末，我才能专心设计这些首饰，但我偶尔也会接连着看两三部电影，或和我男朋友到街上探险，找找乐子。

你每天都吃可颂面包、法国面包和喝咖啡吗？

才不！我喝冰可可(就像小朋友一样，哈哈！)搭配夹高达奶酪的面包。我也有偶尔想吃法式早餐的时候，但我实在太贪心啦，除了可颂之外其他的糕点也是不可或缺的哟！

Do you also collect other designers' products?

I have one "Servane Gaxotte" necklace, but if I could, I would buy all jewels (almost!) she makes.I became more attentive on what other designer do so I started to have references.I like MEDECINE DOUCE jewels but the ones I prefer is SERVANCE GAXOTTE.

What do you think about living in Paris?

I think that it's a great city, where you can live what ever you want to live. There are many kind of district in Paris that can match with the kind of life you want to live: popular district where life goes fast, young people who works in artistic field... working district where you will see men in ties and suit... it's overflowing of artistic activities... you can never be bored! I somtimes hang out with my boyfriend in the streets of Paris, it's such a big little city where we still discover places, little streets, little stores... We are very curious, so that's the perfect city for us to live in.

What do you usually do for fun?

To relax: I really appreciate to go to hammam...there a lots of hammam in paris, it's like a hudge bathroom, all women are equal in this space, nothing to hide or nothing to show, just relax your body in an intimate place. The best ones have a little fresh swimming poom were you can swim a little to refresh yourself!

For fun : going to the movie and see 2 or 3 films in the same day! On weekends, I work my jewels!! During the week I work in a graphic design agency... so I only have the evening or weekends to do this !

Do you eat croissant, baguette and drink coffee every day?

No!! I drink cold chocolate (haha like little children) with a slice of bread with gouda on it (cheese from Holland). Sometimes, I like to have a real good french breakfast!!! But I'm a real greedy girl... I love all kind of breakfast!!

法式和风首饰
Anne-Cecile Zitter

巴黎

腼腆的微笑是Anne的注册商标，很法国的可爱酒窝背后藏着对日本文化的无限热爱。和Anne是在一个小型的创意市集上认识的，12月初的巴黎雨下得很大也挺冷的，但一进会场看到Anne的作品就让人有种温暖的感觉。和纸艳丽的色彩与细致的图案在Anne的巧手编织后，成了极具法式浪漫风味的首饰配件，带点童趣的创作引出每个女生体内百分百的天真烂漫！

*Design Data
品　　牌: Hazar
手创人: Anne-Cecile Zitter
职　　业: 饰品设计师
网　　址: www.hazar-cretaions.com
哪里买: 创意市集或网路

"Hazar是我和好朋友在旅途中自创的词，用这个词当我的品牌名让我有种好朋友一直在身边陪我创作的感觉。"

幸运、命中注定……带有这些含义的Hazar是从小就爱玩文字游戏的Anne和朋友神来一笔的创作，虽然朋友不在身边，虽然创作的路上不断遭遇各种挫折，但Hazar这个字却像老友般支持着Anne继续创作的工作。"我喜欢所有和自然万物相关的事物。"从小就爱把玩珠宝首饰的Anne，将对花草鸟兽的喜爱转化为创作的素材，选用其他人从未用在首饰设计上的和纸结合各种布料所研发出的新材质，运用编织、剪影、折叠与刺绣的技巧，创作出一系列线条简单、用色鲜艳且带有特殊触感的各式配件：镂空的鲤鱼剪影是摇曳在双颊旁的耳环，绣球花般带着繁复褶子的是别在T恤上的艳丽胸针，混搭串珠、亮片与和纸的是手上耀眼的花样戒指。Anne的作品有很强烈的生活存在感，适合各种场合与穿着打扮，"生活中发生的各种事都可能激发我的创作灵感，因此我要我的作品也同样生活化并具有实用性！"受到流行在巴黎的日本多元文化的影响，拥有视觉传达与织品设计相关学位的Anne在学生时代便对和纸与和服的图案产生极大的兴趣，虽然从未到过日本却执着于将这两种材料运用在创作上。

A |
B | C

A、B、C. 串珠、布料、针线……创作所需的一切都有条理地收在工作室的一角。(图片提供：Anne)

*手创人大提问Q&A：

身为设计师，你是如何建立起自己的风格呢？怎样是最好的风格塑造方式？

我觉得风格的塑造主要还是学习以及生活点滴的累积，虽然它是后天养成的，但只要建立后就像眼睛的颜色或你的个性一样会一辈子跟着你，很难加以改变。

你都如何培养创作灵感的呢？

那是种发自内心的热情，很难加以解释，但当灵感一来你想要挡都挡不住，有时候你可能一连几天都不知道要做啥，但忽然间又可以连着几天都不睡地持续创作！

你每天都吃过可颂面包、法国面包和喝咖啡吗？

我几乎没吃过可颂面包，也不像其他巴黎人一样爱喝咖啡，但是我很爱吃Macarons杏仁小圆饼(目前正在挑战尝遍Laduree在卖的所有口味)以及喝热可可。

What do you think is the best way to build up your style?

Style that is something that you got in you, like having blue eyes. After you discovered and used it while studying and feed it with the daily life and all the encounters you can make in it, it evolves during your life but its very hard or even impossible to change it radically because for me the style is inscribed in your hands and your gestures, it's like a character trait.

How do you get inspiration?

Creating is like a fever, sometimes you have no ideas, and you can't create anything and sometimes you have a creative fever and you have lots of ideas that come no matter when it is. You can work the whole night without stopping and just experiment with all that comes to your mind.

Do you eat croissant, baguette and drink coffee every day?

I actually almost never eat croissants and I don't like coffe so much, but I love to eat macarons (try out all the tastes at Laduree) and drink hot chocolate...

巴黎的大众交通系统四通八达，靠着郊区快线、地铁、公交车与夜间巴士，几乎随时都可以走遍各地，不过考虑路况、末班车时间与分布密集度，还是建议各位以地铁为主。

● 该买哪张票呢？

巴黎的公交车、地铁与郊区快线基本上用的票都一样，如果你常需要去大巴黎区，可以买T+Ticket，这种票以单张或十张为单位出售，价格较为优惠，值得考虑。它不计距离，而是以趟数计算，不论你中间要换几条线或几趟车，都可以一票坐到底，但如果是地铁或郊区快线转搭公车，则无法接续使用。对于只在巴黎市区活动，且自认会不断搭乘大众交通工具的人，不妨考虑买张七日票，从买的那天算起七天内可不限次数搭乘，连夜间巴士也可以使用呢！

● 如何换车？

巴黎的地铁除了数字外也用颜色作路线的区分，地铁路线图上交会的那一站即可更换路线，但要注意的是，有些大站虽然是许多路线的交点，但却因为月台间彼此离得较远，且分布错综复杂，反而容易迷路或浪费太多时间，所以如果可以，我比较建议各位在小站换车。

● 在哪上车？

在每个月台入口都会挂着该路线从此站开始的路线图，所以只要在路线图上找到你要去的站名后，就可以安心去等车喽！

● 如何下车？

巴黎的地铁因为有上百年的历史，所以车种繁杂，有全新电脑化的，也有要手动开门的传统车厢，由于只有较新型的车种会播报即将到站的站名，所以，对巴黎不熟的人可要小心计算要下车的时间。

巴黎地铁局网站: http://www.ratp.fr/
ps.网站右上角可切换语言，选择英国国旗就会转换为英文页面喽！

METRO 地铁 路线图

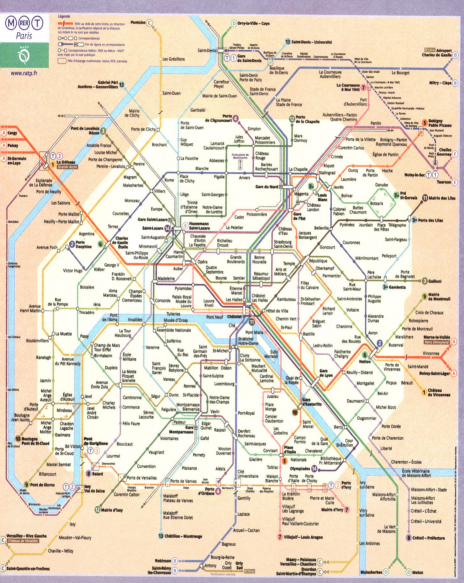

资料来源：http://www.ratp.fr/(可自行上网站下载)

分类/店名	地址	地铁站

材料行

Entrée des Fournisseurs	8 Rue des Francs Bourgeois 75003 Paris	Saint Paul
Lundi Fleuri	149 Avenue du Maine 75014 Paris	Mouton Duvernet
March Saint Pierre	2 Rue Charles Nodier 75018 Paris	Anvers
Mokuba	18 Rue Montmartre 75001 Paris	Les Halle
Tombés du camion	17 Rue Joseph de Maistre 75018 Paris	

生活杂货

3 par 5	25 Rue des Martyrs 75009 Paris	Saint Georges
Adeline Affre Shop	7 Rue Vauvilliers 75001 Paris	Chatelet Les Halles
Artoyz	45 Rue Arbre Sec 75001 Paris	Louvre Rivoli
Atelier Beau Travail	67 Rue de la Mare 75020 Paris	Jourdain
Au Petit Bonheur la Chance	13 Rue St Paul 75004 Paris	Saint Paul
Baum Shop	10 Rue Saint Ferdinand 75017 Paris	Argentine
Bookbinders Design	53 Rue Vieille du Temple 75004 Paris	Saint Paul
Boton	82 Rue Grenelle 75007 Paris	Rue du Bac
Boutique Désordre urbain	96 Rue Nollet 75 017 Paris	La Fourche
Boutique Tiphaine	25 Rue Saint Louis en l'Iles 75004 Paris	Pont Marie
DandelOO	110 Avenue Parmentier 75011 Paris	Parmentier
Etoffes et Sofas	58 Boulevard Sébastopol 75003 Paris	Etienne Marcel
French Touche	1 Rue Jacquemont 75017 Paris	La Fourche
Happy Garden	116 Rue de la Fontaine 75016 Paris	Michel Ange Auteuil
Herisson	15–17 Rue de l'Abbe Groult 75015 Paris	Felix Faure
Kit' à Plaire	40 rue des Dames 75017 Paris	Rome
Koët	8 Rue Pierre Semard 75009 Paris	Poissonniere
La 3eme Place	65 Rue Bichat 75010 Paris	Jacques Bonsergent
Le Cri de la Girafe	49 Rue des Vinaigriers 75010 Paris	Jacques Bonsergent
Le Labo	4 Passage Grand Cerf 75002 Paris	Etnne Marcel
Le Petit Atelier de Paris	31 Rue Montmorency 75003 Paris	Rambuteau
Le Poussette Café	6 Rue Pierre Sémard 75009 Paris	Poissonniere
Lilli Bulle	3 Rue Forge Royale 75011 Paris	Faidherbe Chaligny
Lou Lou Addict	25 Rue Keller 75011 Paris	Ledru Rollin
Lazy Dog	2 Passage Thiéré 75011 Paris	Ledru Rollin
Madame des Vosges	14 Rue de Birague 75004 Paris	Bastille
Purée Jambon	5 Rue Durantin 75018 Paris	Abbesses
Serendipity	17 Rue des Quatre Vents 75006 Paris	Odeon
Si tu veux	68 Galerie Vivienne, 75002 Paris	Bourse
Super Heros	175 Rue St Martin 75003 Paris	Etienne Marcel

本书由中国台湾城邦文化事业股份有限公司–麦浩斯授权辽宁科学技术出版社在中国范围独家出版简体中文版本。非经书面同意，不得以任何形式任意重制、转载。

著作权合同登记号：06-2008第354号。

图书在版编目（CIP）数据

巴黎市集手作创意50人/黄姝妍著.—沈阳：辽宁科学技术出版社，2009.9

ISBN 978-7-5381-5739-0

Ⅰ.巴… Ⅱ.黄… Ⅲ.手工艺-简介-巴黎市 Ⅳ.J53

中国版本图书馆CIP数据核字（2009）第119099号

出版发行：辽宁科学技术出版社
　　　　　（地址：沈阳市和平区十一纬路29号　邮编：110003）
印 刷 者：辽宁省印刷技术研究所
经 销 者：各地新华书店
幅面尺寸：145mm×210mm
印　　张：6
字　　数：277千字
印　　数：1~5000
出版时间：2009年9月第1版
印刷时间：2009年9月第1次印刷
责任编辑：赵敏超
封面设计：李绍武
版式设计：袁　姝
责任校对：耿　琢
书　　号：ISBN 978-7-5381-5739-0
定　　价：28.00元

联系电话：024-23284360
邮购热线：024-23284502
E-mail:lnkjc@126.com
http://www.lnkj.com.cn
本书网址：www.lnkj.cn/uri.sh/5739